Sexuelle Belästigung – was tun?

Véronique Ducret

Sexuelle Belästigung – was tun?

Ein Leitfaden für Betriebe

Unter Mitarbeit von

Anne-Marie Barone
Magalie Gafner
Judith Wissmann Lukesch

Adaption der deutschen Ausgabe

Bettina Kurz

vdf Hochschulverlag AG an der ETH Zürich

Arbeitswelt Band 20
Eine Schriftenreihe
herausgegeben von
Prof. Dr. Christof Baitsch

Le deuxième observatoire
Das Deuxième Observatoire ist ein privates Forschungs- und Bildungsinstitut, das 1998 in der Westschweiz gegründet wurde mit dem Ziel, die Analyse des Geschlechterverhältnisses voranzutreiben. Es bietet seine Dienste in Form von Forschung, Weiterbildung und Beratung allen Organisationen und Personen an, die die Gleichstellung von Frau und Mann fördern wollen. Das Team des Deuxième Observatoire, das einen interdisziplinären Ansatz vertritt, besteht aus SpezialistInnen, namentlich für die Bereiche Arbeit, Gewalt und Migration, und verfügt damit über fundiertes Fachwissen.

2, rue de Tannerie
Postfach 1608
1227 Carouge
Tel. 022 301 37 95
Fax 022 301 37 86
E-mail: 2e.observatoire@worldcom.ch

Bettina Kurz berät und begleitet Schul- und Organisationsentwicklungsprojekte mit dem Fokus Macht und Machtmissbrauch in Organisationen und leitet Weiterbildungen für Vorgesetzte und Vertrauenspersonen zum Thema sexuelle Belästigung und Mobbing am Arbeitsplatz.

Bettina Kurz
Organisationsberatung BSO/SAAP
Organisationsentwicklung • Teamberatung • Coaching • Schulung
Josefstrasse 106
8005 Zürich
Tel +41-1-273 79 60
E-mail: bettinakurz@dplanet.ch

Übersetzung aus dem Französischen
Katharina Belser und Anna Hirsbrunner

Die Veröffentlichung dieses Buches wurde vom Eidgenössischen Büro für die Gleichstellung von Frau und Mann sowie vom Staatssekretariat für Wirtschaft seco unterstützt.

Bibliografische Information Der Deutschen Bibliothek
Die Deutsche Bibliothek verzeichnet diese Publikation in der Deutschen Nationalbibliografie; detaillierte bibliografische Daten sind im Internet über http://dnb.ddb.de abrufbar.

ISBN 3 7281 2858 9

Inhalt

Vorwort zur deutschen Ausgabe

Sprechen Sie auch lieber über neue Produktionsverfahren, innovatives Management oder Personalentwicklung im Allgemeinen als über sexuelle Belästigung am Arbeitsplatz? Finden Sie es auch angenehmer, von beruflichen Erfolgen zu erzählen als von Grenzverletzungen und Machtmissbrauch? Damit sind Sie nicht allein. Sexuelle Belästigung ist vielerorts immer noch ein Tabuthema, ein Thema, das uns auf die Schattenseiten der Arbeitsbeziehungen und der Beziehungen zwischen Frauen und Männern verweist. Oft wissen wir wenig über Grenzverletzungen und Übergriffe und über das Leiden, das sie verursachen können. Belästigungen finden auch meist ohne Zeuginnen und Zeugen statt und sie wirken im Verborgenen. Vielen fällt es denn auch immer noch leichter, sich über sexuelle Belästigung lustig zu machen, als Strategien zu ihrer Verhinderung zu entwickeln.

Die Folgen von sexueller Belästigung können jedoch gravierend sein. In erster Linie natürlich für die Betroffenen, die sexuelle Übergriffe erleiden, die sich beschämt fühlen, die verunsichert, erniedrigt, verängstigt werden und die ganz handfeste Nachteile in ihrer beruflichen Sicherheit, ihrer Entwicklung und ihrer Karriere in Kauf nehmen müssen. Gravierend können die Folgen auch für die Betriebe sein. Sexuelle Belästigung absorbiert viel Energie, wiederum vor allem bei den Betroffenen, aber auch bei den Tätern, und diese Energie geht der Arbeit verloren. Die Angst, die Verunsicherung und die Erniedrigung, die sexuelle Belästigung bewirkt, können sich ganz direkt in einer schlechteren Arbeitsleistung niederschlagen und führen oft zu Krankheitsausfällen oder gar zur Kündigung.

Sexuelle Belästigung tut weh – so formuliert es Véronique Ducret im Leitfaden –, und sie ist teuer.

Zudem sind das Verbot der sexuellen Belästigung und die Verantwortung der Betriebe zu ihrer Verhinderung gesetzlich geregelt.

Es gibt für Betriebe also viele Gründe, sich mit sexueller Belästigung auseinander zu setzen. In meiner beraterischen und schulischen Tätigkeit habe ich die Erfahrung gemacht, dass Reden über sexuelle Belästigung eine präventive und eine entlastende Wirkung hat. Dadurch, dass das Thema ans Tageslicht kommt, wird es eher besprechbar und handhabbar und verliert dadurch einen Teil seines Schreckens. So wird es möglich, dieses doch sehr emotional besetzte Thema sachlich zu bearbeiten und als Beitrag zur Gesundheitsförderung, zur Qualitätsentwicklung und -sicherung und zur Kulturveränderung in den Betrieben zu verstehen. Dies gilt ganz besonders dort, wo präventiv über das Thema gesprochen wird und wo präventiv Regelungen für den Umgang miteinander festgelegt sowie Vorgehens- und Beschwerdewege für Betroffene definiert werden. Ziel der Diskussion und der Definition von Massnahmen gegen sexuelle Belästigung am Arbeitsplatz ist es, die persönliche Integrität und die Gesundheit von Frauen und Männern zu schützen, die Freude an der Arbeit für alle zu ermöglichen und ein Klima zu schaffen, in dem wir nicht verleugnen müssen, dass wir Frauen und Männer sind, und in dem ein offener Umgang untereinander möglich ist.

In der deutschen Schweiz haben verschiedene Betriebe und Verwaltungen Pionierarbeit geleistet, Präventionsarbeit zum Thema gemacht, Reglemente formuliert und Vertrauenspersonen bezeichnet und geschult. Viele Betriebe stehen dabei aber erst am Anfang. Der vorliegende Leitfaden kann allen nützlich sein. Sowohl denjenigen, die ihre Strategie gegen sexuelle Belästigung am Arbeitsplatz zunächst entwickeln müssen, als etwa auch denjenigen, die vertiefende Hinweise für die Beratung von Betroffenen und Beschuldigten oder für die Abklärung von Vorfällen suchen. Der Leitfaden gibt Betrieben wie auch Beraterinnen und Beratern eine wichtige Hilfestellung in die Hand. Er beinhaltet Grundlagenwissen zum Thema in Kurzform und gibt zudem für verschiedene Zielgruppen konkrete und präzise Hinweise, sei es für die Planung der Prävention, für die Formulierung eines Reglements, für die Beratung von Betroffenen oder für die Untersuchung von Vorfällen.

Der Leitfaden ist zunächst in der französischen Schweiz erschienen und dort von Fachleuten und Betrieben gut aufgenommen worden. Nun wünschen wir, dass möglichst viele Leserinnen und Leser auch in der deutschen Schweiz darin eine gute Unterstützung für ihre Arbeit zum Thema sexuelle Belästigung am Arbeitsplatz finden.

Bettina Kurz, Organisationsberatung BSO/SAAP, Zürich
verantwortlich für die Adaption der deutschen Ausgabe

Vorwort

Seit 1996 ist das Bundesgesetz über die Gleichstellung von Frau und Mann in Kraft. Auch im Arbeitsrecht findet der allgemeine Persönlichkeitsschutz Anwendung und verpflichtet den Arbeitgeber, die Persönlichkeit des Arbeitnehmers und der Arbeitnehmerin zu achten und zu schützen. Darin wird auf die Pflicht der Arbeitgebenden hingewiesen, möglicher sexueller Belästigung am Arbeitsplatz vorzubeugen. Leider wird das Thema im Berufsleben aber noch nicht so seriös wie nötig behandelt. In einer nach wie vor männlich dominierten Arbeitswelt wird sexuelle Belästigung häufig als «entschuldbare Entgleisung» betrachtet. Die Mehrheit der Menschen reagiert unbewusst falsch und hinterfragt persönlichkeitsverletzende Handlungen zu wenig. Da eine Verhaltensänderung nötig ist, muss in einem ersten Schritt mit Reglementen und Vorschriften die Integrität der Persönlichkeit geschützt werden. Den Übergriffen kann jedoch erst Einhalt geboten werden, wenn ihre Tragweite erkannt und die Verantwortung von den unterschiedlichen Stufen des Unternehmens wahrgenommen wird. Häufig dürften sexuelle Belästigung und Mobbing ineinander übergehen, wenn das Opfer nicht bereit ist, auf die sexuellen Forderungen einzugehen. Damit steht auch die Förderung und Gleichstellung der Frauen im Blickpunkt. Eine Frau, die wegen ihrer Arbeit geachtet wird, ist in aller Regel selbstbewusst. Und selbstbewusste Frauen lassen sich kaum in die Opferrolle drängen. Sie bilden vielmehr die Spitze der Entwicklung, indem sie den Mut haben, über sexuelle Belästigung zu reden und sich gegen Übergriffe zu wehren.

ABB Schweiz (rund 7200 Mitarbeitende aus ca. 80 Ländern, Anteil Frauen: 19%) hat bereits 1997 ein **Reglement zum Schutz der sexuellen Integrität am Arbeitsplatz** in Kraft gesetzt. In diesem Reglement wird explizit definiert, welche Verhaltensweisen bereits als sexuelle Belästigung einzustufen sind. Den Mitarbeitenden wird ihre Pflicht zur Hilfeleistung klargemacht, sobald in ihrem Umfeld sexuelle Belästigung auftritt. Auch die Pflicht der Vorgesetzten, für eine belästigungsfreie Arbeitsatmosphäre zu sorgen, ist im Reglement verankert. Für Betroffene sind mehrere Anlauf- und Kontaktstellen bestimmt. Diese Anlaufstellen haben die gemeinsame Verpflichtung, mit den Betroffenen geeignete Massnahmen zu finden. Grundsätzlich geht es darum, faire Lösungen zu finden und sie konsequent umzusetzen. Jede sexuell belästigte Person im Unternehmen kann zudem ein formelles Beschwerdeverfahren verlangen, für dessen Durchführung eine Beschwerdekommission zuständig ist. Im Reglement werden die Rechte der Parteien im formellen Verfahren definiert und es wird festgehalten, dass der beschwerdeführenden Person aus der Beschwerde keine beruflichen Nachteile erwachsen dürfen. Auch die Konsequenzen für die belästigende Person sind klar festgelegt. Sie reichen von einer mündlichen Ermahnung bis zur fristlosen Kündigung in besonders schwer wiegenden Fällen.

Mit diesem Reglement hat die ABB Schweiz frühzeitig signalisiert, dass sie das Thema und seine Wichtigkeit erkannt hat. Wir sind froh darüber, dass das Reglement auch einen präventiven Charakter hat. Die wenigen seit Inkrafttreten des Reglements bekannt gewordenen Fälle konnten durch Vermittlung der Anlauf- und Kontaktstelle glücklicherweise einvernehmlich gelöst werden.

Das vorliegende Handbuch macht uns aber auch einmal mehr deutlich, dass ein Reglement durch Schulungen und Informationskampagnen immer wieder in Erinnerung gerufen werden muss, damit die betriebliche Politik gegen sexuelle Belästigung von den Mitarbeitenden und den Führungsverantwortlichen verstanden wird und lebendig bleibt.

Es ist erfreulich, dass einige Betriebe auf das Wohlbefinden ihrer Mitarbeitenden achten. Daraus darf aber nicht abgeleitet werden, dass Mobbing und sexuelle Belästigung am Arbeitsplatz kein Thema mehr sind.

Solange die Mehrheit der Firmen das Thema nicht ernster nimmt, kann keine Verbesserung erreicht werden.

Darum hilft dieses Buch, eine Lücke zu schliessen. Indem die Problematik von allen Seiten beleuchtet und Ansätze zur Problemlösung aufgezeigt werden, lehrt es, mit dem Thema besser umzugehen. Es trägt auch dazu bei, die Grenzen zwischen Mobbing und sexueller Belästigung besser zu verstehen. Für Unternehmen wird eine Hilfestellung zur besseren Handhabung präventiver Massnahmen geboten. Den Verantwortlichen der Unternehmen werden Strukturen und mögliche Kontaktstellen zur Bewältigung dieses sensiblen Bereiches aufgezeigt.

Lilly Schwarz, Assistenz Personalchef ABB Schweiz
Renato Merz, Personalchef ABB Schweiz

Warum dieser Leitfaden?

Immer mehr Unternehmen sind sich bewusst, wie gravierend die Auswirkungen sexueller Belästigung sowohl für das Wohlergehen der Mitarbeiterinnen und Mitarbeiter wie auch für das Unternehmen selbst sind. Schon 1988 beauftragte die Kommission der europäischen Gemeinschaften Experten damit, einen Bericht über die Situation in den Mitgliedstaaten auszuarbeiten. Der Bericht hat gezeigt, wie verbreitet das Problem ist, und er hat unter anderem auf das Fehlen wirkungsvoller Rechtsmittel zur Verhinderung sexueller Belästigung hingewiesen.[1] Diese Feststellungen führten dazu, dass die Kommission und der Rat Instrumente verabschiedeten – nämlich eine Entschliessung[2], eine Empfehlung[3] und eine Erklärung[4] –, mit denen die Mitgliedstaaten aufgefordert wurden, Massnahmen gegen sexuelle Belästigung zu ergreifen. Die Kommission hat zudem einen Verhaltenskodex ausgearbeitet, mit dem die sexuelle Belästigung bekämpft werden soll, und sie veröffentlichte einen Leitfaden zur Anwendung dieses Kodex.[5]

Die Untersuchungen, auf die wir uns stützen, zeigen, dass es viele Frauen[6] gibt, die sich als Opfer von sexuell belästigendem Ver-

---

1 Kommission der Europäischen Gemeinschaften, *Die Würde der Frauen am Arbeitsplatz. Bericht über das Problem sexueller Belästigung in den Mitgliedstaaten der Europäischen Gemeinschaft, Teile I–II,* Amt für amtliche Veröffentlichungen der EG, Brüssel, Luxemburg, 1988.

2 Entschliessung des Rates vom 29. Mai 1990 zum Schutz der Würde von Frauen und Männern am Arbeitsplatz (90/C 157/02).

3 Empfehlung der Kommission vom 27. November 1991 zum Schutz der Würde von Frauen und Männern am Arbeitsplatz (92/131/EWG).

4 Erklärung des Rates vom 19. Dezember 1991 zur Durchführung der Empfehlung der Kommission zum Schutz der Würde von Frauen und Männern am Arbeitsplatz, einschliesslich des Verhaltenskodex gegen sexuelle Belästigung (92/C 27/01).

5 Europäische Kommission, *Was tun gegen sexuelle Belästigung am Arbeitsplatz? Leitfaden zur Umsetzung der praktischen Verhaltensregeln der Europäischen Gemeinschaft,* Amt für amtliche Veröffentlichungen der europäischen Gemeinschaften, Brüssel, Luxemburg, 1993.

6 Opfer sexueller Belästigung sind grösstenteils Frauen. Es kann auch vorkommen, dass Männer belästigt werden, aber diese Fälle sind deutlich in der Minderzahl.

halten bezeichnen, wenn man sie danach fragt. In den Niederlanden zeigte eine 1986 veröffentlichte Regierungsstudie, dass 58% der befragten Frauen schon einmal sexuell belästigt worden sind.[7] In Norwegen wurden laut einer Studie von 1988 41% der Frauen mehrfach sexuell belästigt.[8] In Grossbritannien beklagten sich, laut einer Untersuchung von 1987, 73% der Frauen über die eine oder andere Form der sexuellen Belästigung.[9] In Deutschland zeigte eine 1991 auf Bundesebene durchgeführte Untersuchung, dass 93% der Frauen mindestens einmal in ihrem Berufsleben belästigt worden sind.[10] In Spanien ergab eine 1988 veröffentlichte Gewerkschaftsstudie, dass 84% der Frauen schon sexuell belästigt worden waren.[11] In anderen Studien wird der Prozentsatz der Frauen, die sexuell belästigt worden sind, mit Werten zwischen 17 und 47% beziffert; genauer sind es 21% (französische Studie)[12], 17% (schwedische Studie)[13] und 47% (englische Studie)[14]. In den USA sprechen verschiedene Quellen von 88% (journalistische Umfrage)[15], 42% (wissenschaftliche Untersuchung)[16] und 60% (neuere journalistische Umfrage)[17]. Die Unterschiede können durch die Art der gewählten Forschungsmethode und die (eng oder weit gefasste) Definition des Begriffs der sexuellen Belästigung erklärt werden. So schränkte die französische Studie die Definition der sexuellen Belästigung auf Erpressung ein, während die spanische Studie alle Formen der sexuellen Belästigung untersuchte.

In den letzten zehn Jahren sind in der Schweiz und im Ausland verschiedene Massnahmen gegen sexuelle Belästigung ausprobiert worden: die Ausarbeitung von Reglementen, die Verbreitung von

---

Deshalb benutzen wir im Allgemeinen die weibliche Form, wenn wir von den Opfern sprechen.

7 ILO, Genf, *Conditions of work digest: Combating sexual harassment at work,* volume II, 1992, S. 286.

8 D. Chappell, V. Di Marino, *Violence at work,* ILO, 2000, S. 45.

9 ILO, Genf, *Conditions of work digest: Combating sexual harassment at work,* op. cit., S. 286–289.

10 B. Beermann, B. Meschkutat, *Psychosoziale Faktoren am Arbeitsplatz unter Berücksichtigung von Stress und Belästigung,* Bundesanstalt für Sicherheit und Gesundheit am Arbeitsplatz, Dortmund, 1995, S. 21.

11 M. Calle Fuentes et al., *Discriminacion y acoso sexual a la mujer en el trabajo,* Editorial Largo Caballero, Madrid, 1988.

12 Secrétariat d'Etat aux droits des femmes et à la consommation, *Le harcèlement sexuel: Enquête auprès des Français: Perception, opinions et évaluation du phénomène,* Paris, Dezember 1991.

13 Jämställdhetsombudsmannen, *Sexuella trakasserier mot kvinnor i arbetslivet,* Stockholm, 1987.

14 ILO, Genf, *Conditions of work digest: Combating sexual harassment at work,* op. cit., S. 288.

15 ILO, Genf, *Conditions of work digest: Combating sexual harassment at work,* op. cit., S. 288.

16 ILO, Genf, *Conditions of work digest: Combating sexual harassment at work,* op. cit., S. 288.

17 S. Webb, *Shock Waves, The global impact of sexual harassment,* Mastermedia Ltd., New York, 1994.

Sensibilisierungsmaterial, Information und Schulung von Mitarbeiterinnen und Mitarbeitern oder die Durchführung von Personalumfragen. Solche Massnahmen sind ermutigend, genügen aber nicht. Nicht nur, weil sich nur relativ wenige Unternehmen daran beteiligen, sondern auch, weil auf die ersten Taten oft keine weiteren folgen. Viele Unternehmensleitungen sind der Meinung, dass es genügt, eine Person für die Behandlung von Beschwerden zu bestimmen und zu schulen, um behaupten zu können, man habe alles Nötige zur Verhinderung sexueller Belästigung getan. Die Erfahrung zeigt aber, dass solche Massnahmen nicht ausreichen, ja manchmal sogar wirkungslos sind. Auch dort, wo Massnahmen ergriffen werden, fehlt es oft an Informationen für die Mitarbeiterinnen und Mitarbeiter: Es gibt viele Arbeitnehmerinnen und Arbeitnehmer, die zum Beispiel nicht wissen, ob es in ihrem Unternehmen ein Reglement über sexuelle Belästigung gibt, und auch diejenigen, die von einem solchen Reglement gehört haben, haben oft nur eine vage Vorstellung von dessen Inhalt.

Viele Unternehmen in der Schweiz haben noch keine Massnahmen zur Verhinderung und Bekämpfung von sexueller Belästigung ergriffen. Es gibt mehrere Gründe dafür: Einige wissen nichts von der Existenz des Bundesgesetzes über die Gleichstellung von Frau und Mann (GlG), das sie verpflichtet, sexuelle Belästigung zu verhindern; andere wiederum glauben, sie könnten sich die Einführung solcher Massnahmen ersparen. Sie sind überzeugt, dass diese Frage sie nicht betrifft und in der Arbeitswelt kein Problem darstellt, vor allem wenn sich niemand beschwert. Dass keine Beschwerden vorliegen, heisst jedoch noch lange nicht, dass das Problem nicht existiert. Einige Unternehmen scheuen sich auch, das Problem anzusprechen, aus Angst, etwas aufzuwühlen und vorschnellen Interpretationen Vorschub zu leisten (z.B. dass jede Handlung mit sexuellem Bezug als sexuelle Belästigung verstanden wird). Wenn die Unternehmen aber ein Problem mit sexueller Belästigung bekommen, merken sie, wie wichtig eine entsprechende Politik wäre. In dieser Situation sind Betriebe oft bereit, die Prävention und den Umgang mit sexueller Belästigung in einem Reglement festzulegen.

Das Handbuch, das wir hier vorlegen, ist ein Instrument für Unternehmen, die Massnahmen gegen sexuelle Belästigung ergreifen und ihre Mitarbeiterinnen und Mitarbeiter schulen wollen. Es ist ein Leitfaden, mit dessen Hilfe Unternehmensleitungen eine Politik gegen sexuelle Belästigung ausarbeiten können. Sie finden hier Informationen, Ratschläge und Vorschläge, mit denen sie eine interne Politik erarbeiten können.

Wie benutzen Sie den Leitfaden?

Der Leitfaden hat neun Kapitel. Die zwei ersten Kapitel richten sich an alle Leserinnen und Leser und beschäftigen sich mit der Begriffsdefinition und den rechtlichen Bestimmungen; die anderen Kapitel richten sich an bestimmte Personengruppen mit unterschiedlichen Aufgaben im Unternehmen. Kapitel 9 schliesslich richtet sich an die Gewerkschaften, die im Kampf zur Eindämmung der sexuellen Belästigung ebenfalls eine Rolle zu spielen haben. Jedes Kapitel bildet eine geschlossene Einheit. Verweise erleichtern die Lektüre.

Wir danken Anne-Marie Barone und Magalie Gafner, die Kapitel 2 über die rechtlichen Bestimmungen verfasst haben. Katharina Belser und Anna Hirsbrunner danken wir für die Übersetzung, Judith Wissmann Lukesch für die Anpassung von Kapitel 2 an Deutschschweizer Verhältnisse und Bettina Kurz für die Redaktion der deutschen Ausgabe.

Véronique Ducret

Fünfzehn Fragen, um Ihre Kenntnisse zu testen

Wie gross ist Ihr Wissen über sexuelle Belästigung am Arbeitsplatz?

Wir laden Sie ein, die folgenden fünfzehn Fragen zu beantworten, bevor Sie diesen Leitfaden lesen. Damit erhalten Sie eine Vorstellung davon, wie viel Sie wissen und wo Sie noch Lücken haben.

	RICHTIG	FALSCH
1. Die schweizerische Gesetzgebung verbietet sexuelle Belästigung.	☐	☐
2. Nur eine wiederholte Handlung wird als sexuelle Belästigung bezeichnet.	☐	☐
3. Sexuelle Belästigung geht oft in Mobbing über.	☐	☐
4. Männer können ebenso Opfer sexueller Belästigung werden wie Frauen.	☐	☐
5. Eine Person, die ihre Ablehnung nicht klar ausdrückt, wird nicht wirklich sexuell belästigt.	☐	☐
6. Junge und hübsche Frauen werden häufiger sexuell belästigt als andere Frauen.	☐	☐
7. Frauen gehen auf sexuelle Annäherungsversuche ein, um beruflich weiterzukommen.	☐	☐
8. Frauen provozieren sexuelle Belästigung durch ihr Verhalten.	☐	☐
9. Wer andere sexuell belästigt, hat sexuelle Probleme.	☐	☐
10. Ein Mann, der eine Frau belästigt, belästigt alle Frauen.	☐	☐
11. Ein Arbeitgeber setzt sich dem Risiko aus, einem Opfer sexueller Belästigung eine Entschädigung zahlen zu müssen, wenn er nicht wirkungsvolle Massnahmen zur Verhinderung sexueller Belästigung ergriffen hat.	☐	☐
12. Ein Arbeitgeber ist haftbar für sexuelle Belästigung durch seine Mitarbeiter.	☐	☐
13. Ein Arbeitgeber ist haftbar für die sexuelle Belästigung einer seiner Mitarbeiterinnen durch einen Kunden oder Lieferanten.	☐	☐
14. Ein Temporärvermittlungsbüro ist auf keinen Fall haftbar für sexuelle Belästigung in einem Unternehmen, in dem durch dieses Büro vermittelte Temporärmitarbeiter beschäftigt werden.	☐	☐
15. Die Bestimmung einer Vertrauensperson, die Opfer von sexueller Belästigung anhört und berät, entbindet den Arbeitgeber im Falle einer gerichtlichen Klage von der Verpflichtung, dem Opfer eine Entschädigung zu bezahlen.	☐	☐

Sie finden die Auflösung dieser Fragen in Anhang 1.

Wenn Sie mindestens zehn Fragen richtig beantwortet haben, gratulieren wir Ihnen. Das Thema ist offenbar nicht neu für Sie. Einige Kapitel sollten Sie aber doch nachlesen, um Ihre Wissenslücken zu füllen.

Wenn Sie mehr als fünf Fragen falsch beantwortet haben, ist die Lektüre des ganzen Leitfadens keine Zeitverschwendung. Sie können so Ihr Wissen verbessern.

Aussage einer Angestellten, die sexuell belästigt wurde

Alles begann vor drei Jahren, als ich die Stelle antrat. Vom ersten Tag an nannte mich der Chef «Schätzchen». Er bestand darauf, mich auf die Wange zu küssen, und gab mir Klapse auf das Gesäss. Ich nahm das nicht ernst, ich dachte, er scherze nur; zudem wusste ich, dass er verheiratet und Vater zweier Mädchen in meinem Alter war.

Dann begann er, immer öfter unpassende Bemerkungen zu machen: «Ich würde gerne neben dir aufwachen.» Ich antwortete: «Aber nein, Sie sagen das, weil Sie wütend sind.» Er sagte, nein, er hätte das gern, weil ich jung und hübsch sei. Wir wurden bei der Arbeit mit einer Kamera überwacht. Der Chef sagte, er hätte mich nie kontrolliert, da er volles Vertrauen in mich habe, aber er sagte mir auch, dass er den Monitor beobachte, wenn ich ein Kleid mit Ausschnitt trage. Von diesem Tag an vermied ich es, gewisse Kleidungsstücke zu tragen.

Jeden Morgen, bevor ich zur Arbeit ging, betete ich, dass ich ihn nicht treffen möge. Eines Tages zeigte er mir Pornomagazine und fragte mich, ob mir diese oder jene Position gefalle, ob mir die Männer auf den Fotos gefielen. Ich dachte mir, dass er ein armer, verklemmter Typ ist.

Eines Tages, als ich eine kleine Flasche mit Aprikosensaft schüttelte, sagte er zu mir: «So wichst man keinen Schwanz.» Ich war sehr schockiert, ich erwartete eine solche Bemerkung überhaupt nicht, fühlte mich unbehaglich und schämte mich. Mehrere Male schlug er mir vor, zu ihm nach Hause zu gehen, während seine Frau nicht da war. Ich antwortete ihm, ich würde nicht zu ihm gehen, ich hätte dort nichts verloren.

Am Morgen beim Aufstehen fehlte mir jede Lust, zur Arbeit zu gehen, weil ich mich fragte, was er mir antun würde. Am schlimmsten war es am Freitagmorgen, weil an diesem Tag meine Kollegin nicht arbeitete.

Mein Chef sagte mir, dass er dies tue, weil ich niedlich sei, gut gebaut, jung, hübsch und gut proportioniert. Ich hatte es aber nie darauf angelegt, ihn zu provozieren, weder durch mein Verhalten noch durch meine Kleidung. Wenn ich nach Hause kam, hatte ich Mühe, mich zu konzentrieren, denn ich konnte nicht aufhören, daran zu denken. Ich verstand nicht, warum mir all dies passierte; ich stellte mir Fragen: «Habe ich es herausgefordert?» oder «Habe ich ihn provoziert, ohne mir dessen bewusst zu sein?» Ich hatte auch Mühe zu schlafen, aus Angst vor dem nächsten Tag. Es war die Hölle! Oft wartete er, bis ich mit einem Kunden beschäftigt war, damit er sein erregtes Glied an meinem Gesäss reiben konnte; er wusste sehr wohl, dass ich mich weder bewegen noch etwas sagen konnte. Ich ekelte mich, ich hatte das Gefühl, ich sei beschmutzt worden.

Ich musste oft seinen fummelnden Händen ausweichen. Eines Tages, als wir beide im Lager waren, versuchte er, mich auf den

Mund zu küssen, und wollte, dass ich mich auf seine Knie setzte. Ich hatte grosse Angst und rannte davon. Von diesem Moment an war ich auf der Hut, denn mir war klar geworden, dass er sehr weit gehen würde. Und ich hatte mich nicht getäuscht. Einige Wochen später, als ich allein im Lager war, kam er herein, schloss die Tür und schaltete das Licht aus. Ich geriet in Panik, blieb unbeweglich stehen und bat ihn, das Licht wieder anzuschalten, aber er lachte nur. Als er sah, dass ich mich nicht bewegte, beschloss er, das Licht wieder anzuschalten. Ich stürzte zur Tür, um hinauszugehen. Aber er erwischte mich und nahm meinen Kopf zwischen seine Hände, um mich zu küssen. Ich kreuzte reflexartig die Arme vor der Brust, um meine Brüste zu schützen, und schloss meinen Mund, damit er mit seiner Zunge nicht hineinkam. Ich weiss nicht, wie lange ich dort stand, aber ich wollte sterben, so schlecht fühlte ich mich. Ich bat ihn aufzuhören, aber er machte weiter. Sobald er mich losliess, rannte ich zur Toilette, um mein Gesicht zu waschen, und weinte.

Die Geschichte hatte auch Auswirkungen auf mein Privatleben. Jedes Mal, wenn mein Freund zu mir kam, mich küsste, mich berührte, stiess ich ihn zurück. Er verstand nicht, warum ich mich so verhielt. Ich wagte mit niemandem darüber zu sprechen, weil ich Angst hatte, meine Stelle oder meinen Freund zu verlieren. Ich befürchtete auch, dass die Frau meines Chefs davon hören könnte. Schliesslich beschloss ich, meinem Freund davon zu erzählen, sagte ihm aber nicht alles, da ich Angst vor seiner Reaktion hatte.

Ich informierte die Personalabteilung, die mir riet, den Personalchef zu informieren, falls der Chef nicht aufhören sollte. Der Chef belästigte mich weiter. Ich sprach mit dem Regionalleiter. Nach dem Gespräch berührte der Chef wieder mein Gesäss. Ich forderte ihn deutlich auf aufzuhören. Am nächsten Tag – es war mein freier Tag – ruhte ich mich den ganzen Tag aus. Am Abend war ich sehr nervös beim Gedanken, morgen wieder zur Arbeit gehen zu müssen. Ich hatte Bauchschmerzen und ich erbrach mich zweimal während der Nacht. Ich ging nicht zur Arbeit.

Heute leide ich an einer Depression. Ich habe enorm an Selbstbewusstsein eingebüsst. Ich ertrage das Ganze sehr schlecht, weil ich nicht verstehe, warum mir das passiert ist. Lange hatte ich Angst, auf die Strasse zu gehen, weil ich fürchtete, ihn zu treffen. Ich kann noch heute nicht akzeptieren, was mir passiert ist, und es gelingt mir nicht, das ganze Kapitel endgültig abzuschliessen.

Julia, Januar 2001

Was ist sexuelle Belästigung? 1

Dieses Kapitel richtet sich an alle Leserinnen und Leser des Handbuches. Es enthält wichtige Informationen, die helfen, das Phänomen der sexuellen Belästigung am Arbeitsplatz zu erkennen und zu verstehen. Unter anderem berührt es kurz die Definition von Mobbing und die Frage, wie sich Mobbing von sexueller Belästigung unterscheidet. Damit soll ein dem jeweiligen Phänomen angemessenes Vorgehen ermöglicht werden.

1.1 Was ist sexuelle Belästigung?

Es ist nicht einfach, sexuelle Belästigung zu definieren, da sowohl objektive wie auch subjektive Komponenten eine Rolle spielen. Obwohl sexuelle Belästigung objektiv gesehen eine Beeinträchtigung der physischen und psychischen Integrität einer Person darstellt, wird sie von den belästigten Personen und den Tätern nicht immer gleich eingeschätzt.

Wie kann man sexuelle Belästigung von einem Flirt oder einem Verführungsversuch unterscheiden? Je nachdem, von wem ein Verhalten ausgeht, und je nach Kontext, in dem es stattfindet, kann das gleiche Verhalten erwünscht oder nicht erwünscht sein.

- Wie weiss man, ob das Verhalten unerwünscht und belästigend ist?
- Auf welchen Standpunkt soll man sich stellen? Auf den des Opfers oder den des Täters?

In vielen Fällen ist kein Zweifel möglich: das Verhalten ist ganz klar eine sexuelle Belästigung, da es die allgemein anerkannte Toleranzschwelle überschreitet. Aber es gibt Situationen, wo für nicht direkt Betroffene weniger offensichtlich ist, warum ein Verhalten nicht tolerierbar ist. Es gibt Verhaltensweisen, die die Gesellschaft in bestimmten Situationen nicht auf Anhieb verurteilt. Das erklärt auch, warum die Täter[1] in ihrem Verhalten manchmal nichts Verwerfliches sehen. Eine Person kann eine andere Person belästigen, ohne sich darüber im Klaren zu sein, dass ihr Verhalten anstössig ist. Das Opfer empfindet dieses Verhalten aber als belästigend. Claudia Kaufmann schreibt in ihrem Kommentar zu Artikel 4 GlG: «... bei der sexuellen Belästigung [muss] die Motivation des Belästigers gänzlich

[1] Sowohl Männer wie auch Frauen können bei sexueller Belästigung am Arbeitsplatz Täter sein. In der Praxis sind es aber grösstenteils Männer, die sexuell belästigen. Deshalb werden wir im Allgemeinen die männliche Form benützen, wenn wir von den Tätern sprechen.

unerheblich bleiben. Eine Diskriminierungsabsicht ist nicht erforderlich, ebenso wenig der Wille, mit der Belästigung die Betroffene aufgrund ihres Geschlechts zu benachteiligen.»[2] In den meisten Fällen ist sich der Belästiger der Einseitigkeit seines Verhaltens aber bewusst und sorgt dafür, dass er von keinem Zeugen gesehen wird. Sexuelle Belästigung ist in jedem Fall inakzeptabel, und der Täter muss dafür zur Verantwortung gezogen werden.

Die **Unerwünschtheit** eines Verhaltens bildet das Grundmerkmal, an dem man sexuelle Belästigung erkennt. Darin unterscheidet sich die Belästigung von der Verführung, bei der beide beteiligten Personen einverstanden sind. Zwang besteht, wenn das Verhalten von der Person, auf die es abzielt, nicht erwünscht ist. **Wie kann man respektvolles Verhalten von einer Aufdringlichkeit unterscheiden? Wichtig ist es, die Zeichen der Zurückweisung zu beachten, die vom Opfer signalisiert werden.** Angesichts der vielfältigen Formen, die sexuelle Belästigung annehmen kann, muss die Art der Zurückweisung je nach Art der Handlung und je nach dem Rahmen, in dem diese stattfindet, beurteilt werden. Während ein aufdringlicher unerwünschter Annäherungsversuch ein mehr oder weniger ausdrückliches Nein erfordert, kann ein diskreterer Annäherungsversuch einfach ignoriert werden, was eine implizite Zurückweisung bedeutet. Auch unpassende Gesten und Bemerkungen mit sexuellem Beiklang werden oft verärgert toleriert und in der Regel nicht mit einem klaren Nein beantwortet. Mit dem Verhalten und der Körpersprache kann ebenfalls Ablehnung signalisiert werden. Sich entfernen, den Rücken zuwenden oder sich versteifen können beispielsweise Zeichen der Zurückweisung sein. In gewissen Fällen schweigt das Opfer, weil es sich vor den negativen Konsequenzen fürchtet, die eine offene Zurückweisung haben könnte. In andern Fällen fühlen sich die Opfer aus Furcht vor Ausgrenzung durch die Teamkollegen dazu gezwungen, mit Lachen oder Lächeln zu reagieren.

Im Allgemeinen besteht sexuelle Belästigung aus wiederholten Handlungen. Es ist die Wiederholung, die der sexuellen Belästigung ihre belästigende Wirkung verleiht. Aber unter gewissen Umständen kann eine isolierte Handlung ebenfalls eine sexuelle Belästigung darstellen; dies ist insbesondere der Fall, wenn der Täter seine Macht benutzt, um je nach Reaktion des Opfers einen Vorteil zu gewähren oder zu verweigern oder wenn nach einer Zurückweisung der Annäherungsversuche durch das Opfer Vergeltungsmassnahmen erfolgen oder angedroht werden. In diesem Fall **verleiht die Schwere des Verhaltens oder seiner Konsequenzen einer isolierten Handlung ihren belästigenden Charakter**. Wie Claudia Kaufmann

[2] M. Bigler-Eggenberger, C. Kaufmann (Hrsg.), *Kommentar zum Gleichstellungsgesetz,* Helbing und Lichtenhahn, Basel, 1997, S. 116.

in ihrem Kommentar zu Artikel 4 GlG präzisiert: «Dies schliesst anderseits aus, als Voraussetzung für diese Form sexueller Belästigung die Wiederholung von Handlungen bzw. eine Ansammlung mehrerer Vorfälle zu verlangen.»[3] Zudem kann ein Verhalten auch als Belästigung definiert werden, wenn es von mehreren Personen ausgeht, sogar wenn diese als Einzelpersonen jeweils nur eine einzige Handlung begangen haben. Das Opfer selber ist trotzdem wiederholt belästigt worden.

1.1.1 Juristische Definition

Jedes Land, das ein Gesetz gegen sexuelle Belästigung am Arbeitsplatz erlassen hat, hat seine eigene Definition. Über zwei Definitionskriterien besteht international Einigkeit: die Unerwünschtheit des Verhaltens und dessen sexuelle Natur. Hingegen haben gewisse Länder eine enge Definition der sexuellen Belästigung gewählt – sexuelle Belästigung als Erpressung –, während andere, darunter die Schweiz, Handlungen in die Definition aufgenommen haben, die nicht unbedingt zu einer Gefährdung der Anstellung führen. Bei uns werden als sexuelle Belästigung auch Verhaltensweisen von Kollegen auf derselben Hierarchiestufe anerkannt, was in Frankreich zum Beispiel nicht der Fall ist. Das Bundesgesetz über die Gleichstellung von Frau und Mann (GlG), das am 1. Juli 1996 in Kraft trat, betrachtet sexuelle Belästigung als Diskriminierung und definiert sie wie folgt:

Artikel 4 GlG

> Diskriminierend ist jedes belästigende Verhalten sexueller Natur oder ein anderes Verhalten aufgrund der Geschlechtszugehörigkeit, das die Würde von Frauen und Männern am Arbeitsplatz beeinträchtigt. Darunter fallen insbesondere Drohungen, das Versprechen von Vorteilen, das Auferlegen von Zwang und das Ausüben von Druck zum Erlangen eines Entgegenkommens sexueller Art.

Das Wort «insbesondere» in der juristischen Definition bedeutet, dass die gegebenen Beispiele nicht erschöpfenden Charakter haben *(siehe 2.2 Das Gleichstellungsgesetz)*. Es muss also ein Unterschied gemacht werden zwischen sexueller Belästigung mit erpresserischem Charakter und sexueller Belästigung, die ein feindseliges Arbeitsklima schafft.

1.1.2 Soziologische Definition

Das Phänomen der sexuellen Belästigung kann in einem Gesetzesartikel nicht abschliessend erfasst und definiert werden. Für eine genauere Beschreibung können wir uns auf die von den Opfern erlebte Realität abstützen. Wir unterscheiden zwei Formen der sexuellen Belästigung:

---

[3] M. Bigler-Eggenberger, C. Kaufmann (Hrsg.), *Kommentar zum Gleichstellungsgesetz,* op. cit., S. 116 f.

Die Belästigung mit erpresserischem Charakter

Das Opfer wird gezwungen, sich sexuellen Annäherungsversuchen von Seiten einer Person zu fügen, die sich (auf Grund der Hierarchie oder weil das Opfer in einer Abhängigkeit zum Täter steht) in einer Machtposition befindet. Dazu werden ihm Vorteile versprochen (zum Beispiel: Wenn du nett zu mir bist, kann ich etwas für dich tun) oder Vergeltungsmassnahmen angedroht (zum Beispiel: Wenn du nicht machst, was ich will, entlasse ich dich). Eine Weigerung kann zu Vergeltungsmassnahmen führen (Entlassung, Versetzung, Verweigerung der Beförderung, Verschlechterung der Arbeitsbedingungen usw.).

Einer Serviceangestellten in einer Bar in Vevey, die wegen Übergriffen ihres Arbeitgebers geklagt hatte, wurde wegen sexueller Belästigung mit erpresserischem Charakter gemäss Artikel 5 Abs. 3 GlG eine Entschädigung in der Höhe eines halben Schweizer Durchschnittslohns, d.h. Fr. 2400.–, zugesprochen. Ihr Arbeitgeber hatte ihr nach der Entlassung vorgeschlagen, er würde sie gegen ein sexuelles Entgegenkommen wieder einstellen. (Arbeitsgericht Genfer Riviera, 11. November 1998)

Das Beispiel zeigt, wie ein Arbeitgeber das Versprechen eines Vorteils dazu benutzen kann, auf die Angestellte Zwang auszuüben. Die sexuelle Belästigung mit erpresserischem Charakter ist die Form der Belästigung, die am häufigsten gemeint ist, wenn von sexueller Belästigung die Rede ist. Aber es gibt noch eine andere, viel verbreitetere, aber weniger bekannte Form, die darin besteht, ein feindseliges und sexistisches Arbeitsklima zu schaffen.

Belästigung, die ein feindseliges Arbeitsklima schafft

Eine Person ist einem Witz, einer Anspielung, einer Beleidigung oder einem Annäherungsversuch sexueller oder sexistischer Natur ausgesetzt. Dieses Verhalten hat zum Ziel, die betreffende Person zu demütigen, sie in eine unterlegene Position zu versetzen, ihr ein Gefühl des Unbehagens zu vermitteln oder sie zu verunsichern. Das Arbeitsklima wird rasch unerträglich. Man spricht von einem vergifteten Klima, wenn sich die Angestellten nicht mehr sicher fühlen.

Eine Arbeiterin klagt gegen Übergriffe ihres Werkmeisters: Zeigen von Pornoheften, obszöne Lieder und anstössige Fragen. Während das Arbeitsgericht als erste Instanz nicht der Meinung war, dass diese Tatsachen den Tatbestand der sexuellen Belästigung erfüllten, da der Täter kein sexuelles Entgegenkommen erzwingen wollte, ging das Berufungsgericht des Kantons von einer weiter gefassten Definition aus, die derjenigen des GlG entspricht. Der Arbeitgeber wurde für die von seinem Angestellten ausgeübte Belästigung haftbar gemacht. (Semaine judiciaire 1990, S. 642)

Solche Verhaltensweisen mögen harmlos erscheinen, aber wenn sie sich wiederholen, können sie die Stimmung am Arbeitsplatz unerträglich machen. Die Adressaten eines solchen Verhaltens fühlen sich oft verunsichert und gedemütigt.

Erscheinungsformen sexueller Belästigung sind verbal, nonverbal und/oder physisch, unabhängig davon, ob es sich um eine Belästigung mit erpresserischem Charakter handelt oder um sexuelle Belästigung, die ein feindseliges Arbeitsklima schafft.

Verbale Äusserungen sind am häufigsten. Es handelt sich zum Beispiel um sexistische Bemerkungen, Fragen und vertrauliche Mitteilungen über Sexualität, Bemerkungen zur sexuellen Attraktivität oder zum Mangel an Attraktivität einer Person, schlüpfrige Witze oder Obszönitäten, wiederholte Einladungen, obwohl die Bitte um ein Rendez-vous abgelehnt worden ist, sexuelle Anträge, die bis zum Versprechen von Vorteilen oder dem Androhen von Vergeltungsmassnahmen gehen können.

Nonverbale Äusserungen werden am wenigsten benannt. Es handelt sich um Blicke oder suggestive Gesten, schriftliche Mitteilungen sexueller Natur, Zeigen oder Aufhängen von pornographischem Material, Exhibitionismus (Masturbation, Zurschaustellen der Geschlechtsteile).

Physische Äusserungen werden von der Gesellschaft am wenigsten toleriert. Sie zeigen sich als Berührungen (Streifen, Betasten, Kneifen, Küsse) und können in physische Gewalthandlungen übergehen wie Anrempeln, Ohrfeigen, ja sogar Schlagen und sexuelle Angriffe (Vergewaltigungsversuche, Vergewaltigung usw.).

Es ist nicht einfach, sexuelle Belästigung in wenigen Zeilen zu beschreiben. Ein Phänomen erhält jedoch dadurch gesellschaftliche Anerkennung, indem man es definiert. Die oben zitierte Definition von Artikel 4 GlG ist das Ergebnis eines Kompromisses, der nach zahlreichen politischen Debatten in den eidgenössischen Räten zustande gekommen ist. Diese Definition ist wenig griffig, insbesondere was den Begriff der sexuellen Belästigung betrifft, die ein feindseliges Arbeitsklima schafft. Im Bemühen um Klarheit schlagen wir folgende Definition der sexuellen Belästigung vor:

> *Als sexuelle oder sexistische Belästigung am Arbeitsplatz gilt jede Handlung mit sexuellem Bezug, die von einer Seite unerwünscht ist und die eine Person aufgrund ihres Geschlechts herabwürdigt.*
> *Es sind unterwünschte Annäherungsversuche sowie Abwertungsversuche jeder Art in Form von Gesten, Äusserungen, Darstellungen und Handlungen, die von der Person oder der Personengruppe, an die sie sich richten, als beleidigend, unangemessen und unerwünscht empfunden werden.*

Sexuelle Belästigung ist ein komplexes Phänomen mit vielfältigen Auswirkungen; das zeigen zahlreiche Studien. Auch wenn sexuelle Belästigung unterschiedlich definiert wird, sind sich doch alle Studien darüber einig, dass sie gravierende Auswirkungen auf die psychische und physische Gesundheit der Opfer hat (siehe *1.6 Die Auswirkungen auf das Opfer*): **Sexuelle Belästigung tut weh**. Deshalb ist es wichtig, das Problem ernst zu nehmen, auch wenn noch nicht alle Grauzonen geklärt sind. Sexuelle Belästigung ist eine Beeinträchtigung der Persönlichkeitsrechte.

1.1.3 Das Ausmass des Problems

Sexuelle Belästigung wird häufig als Privatsache betrachtet oder als Phänomen, das wenig verbreitet ist. Eine 1991 mit 558 Arbeitnehmerinnen in 25 Genfer Unternehmen (Versicherungen, Banken, Verkehr/Kommunikation, Industrie, Bau, Verkauf, Hotellerie/Restaurants, Gesundheit, öffentliche Verwaltung, internationale Organisationen) durchgeführte Untersuchung[4] zeigt jedoch, wie verbreitet das Phänomen ist. 59% der befragten Frauen haben in den zwei Jahren vor der Befragung sexuelle Belästigung selber erlebt. Für 70% der befragten Angestellten dauerte die Belästigung zudem länger als ein Jahr. Die Studie ging von einer weit gefassten Definition der sexuellen Belästigung aus, die sowohl sexuelle Belästigung mit erpresserischem Charakter als auch sexuelle Belästigung mit Auswirkungen auf das Arbeitsklima umfasst.

WIE SICH SEXUELLE BELÄSTIGUNG ÄUSSERTE

Verhalten	Anteil der Frauen
Unpassende Bemerkungen über Frauen im Allgemeinen	35%
Unpassende Bemerkungen	33%
Verhalten, das Unbehagen hervorruft	30%
Zweideutige oder peinliche Angebote	19%
Pornographisches Material	16%
Unerwünschte Berührungen	14%
Sexuelle Erpressung	2%
Erzwungener Geschlechtsverkehr	0,7%
Physische Gewalt	0,4%
Vergewaltigung, versuchte Vergewaltigung	0,2%

n = 558 Frauen
Das Total ergibt mehr als 100%, da Mehrfachnennungen möglich waren.
Die Ergebnisse berücksichtigen die letzten zwei Jahre vor der Untersuchung.

[4] V. Ducret, C. Fehlmann, *Sexuelle Belästigung am Arbeitsplatz: Worüber Frauen schweigen,* Eidgenössisches Büro für die Gleichstellung von Frau und Mann (Hrsg.), Bern, 1993.

Diese Zahlen zeigen, wie verbreitet das Problem ist. Es wäre falsch, sie unter dem Vorwand zu verharmlosen, dass gewisse Verhaltensweisen (unpassende Bemerkungen, Verhalten, das Unbehagen hervorruft, oder peinliche Angebote) häufig vorkommen und immer noch Teil der Arbeitsbedingungen vieler Frauen sind. Aus der Studie geht hervor, dass diese Verhaltensweisen von den Betroffenen als unangenehm empfunden wurden. Die Auswirkungen sind je nach Art, Häufigkeit und Dauer des Verhaltens mehr oder weniger schwer wiegend. Die Umstände, unter denen sie erfolgen, sowie die hierarchische Stellung des Täters gegenüber dem Opfer sind für das Opfer ebenfalls entscheidend. Ein Klaps aufs Gesäss von einem Arbeitskollegen, zu dem man eine freundschaftliche Beziehung unterhält, hat nicht dieselbe Bedeutung, wie wenn er von einem Vorgesetzten kommt. Was im einen Fall nur als störend oder unhöflich empfunden werden kann, kann in andern Fällen als Zwang oder Angriff erlebt werden. Es steht niemandem zu, sich an die Stelle des Opfers zu versetzen und zu bestimmen, wie die Schwere der Vorfälle einzustufen sei. Das Unbehagen der Adressatin muss als Zeichen der Ablehnung interpretiert werden und zur sofortigen Einstellung des Fehlverhaltens führen. Wird dieser Wunsch ignoriert, so müssen Sanktionen ergriffen werden (siehe *3.3.9.3 Sanktionen gegen den Täter*).

1.2 Ist sexuelle Belästigung das Gleiche wie psychische Belästigung (Mobbing)?

Seit etwa zehn Jahren hört man oft von Mobbing am Arbeitsplatz. Der Begriff stammt aus dem Englischen und bedeutet: sich auf jemanden stürzen, jemanden bedrängen, schikanieren. Es besteht eine Tendenz, Mobbing und sexuelle Belästigung in einen Topf zu werfen und sexuelle Belästigung als Mobbing zu behandeln. Um das Verhältnis zwischen den beiden Phänomenen zu klären, haben wir versucht, ihre spezifischen Merkmale herauszuarbeiten.

1.2.1 Was ist Mobbing?

Heinz Leymann, ein schwedischer Arbeitspsychologe, war einer der ersten, der Mobbing am Arbeitsplatz untersuchte. Er gibt folgende Definition:

> *Der Begriff Mobbing beschreibt negative kommunikative Handlungen, die gegen eine Person gerichtet sind (von einer oder mehreren anderen) und die sehr oft und über einen längeren Zeitraum hinaus vorkommen und damit die Beziehung zwischen Täter und Opfer kennzeichnen.*[5]

[5] H. Leymann, *Mobbing. Psychoterror am Arbeitsplatz und wie man sich dagegen wehren kann,* Reinbek bei Hamburg, Rowohlt, 1993, S. 21.

Mit Mobbing sind Handlungen gemeint, die über einen längeren Zeitraum ausgeübt und wiederholt werden und die Form von Schikanen, Demütigungen oder das Ausüben von Druck annehmen können. Täter sind sowohl Männer als auch Frauen, während die Opfer etwas häufiger Frauen sind.

Mobbing ist wie sexuelle Belästigung ein sehr altes Phänomen, aber es wurde erst in den Achtzigerjahren als Problem erkannt, das schwer wiegende Auswirkungen auf die physische und psychische Gesundheit haben kann. Die französische Psychiaterin und Psychoanalytikerin Marie-France Hirigoyen definiert Mobbing wie folgt:

Unter Mobbing am Arbeitsplatz ist jede Verhaltensweise zu verstehen, die durch das bewusste Überschreiten von Grenzen – in Benehmen, Handlungen, Gesten, mündlichen oder schriftlichen Äusserungen – die Persönlichkeit, die Würde oder die physische bzw. psychische Unversehrtheit einer Person beeinträchtigen, deren Anstellung gefährden oder das Arbeitsklima verschlechtern kann.[6]

Schikanen und Demütigungen unter Kollegen, die einer Person das Leben unerträglich machen, sie ausgrenzen oder gar aus der Gruppe ausschliessen, gab es schon immer, auch wenn man nicht davon gesprochen hat. Heute hat sich die Situation verändert: Mobbing wird öffentlich angeprangert. Zudem haben Studien[7] gezeigt, dass neue Formen des Mobbings auftreten. Neben «privaten» Konflikten gibt es organisiertes, institutionalisiertes Mobbing, das als Instrument der Personalführung eingesetzt wird: Mobbing wird nicht mehr nur von Einzelpersonen betrieben, sondern kann auch vom Unternehmen selbst ausgehen. Der Mobbende selbst kann unter Mobbingdruck von oben stehen, was seine autoritären Methoden der Personalführung zur Erfüllung der Forderungen der Unternehmensleitung (Produktionssteigerung, Personalabbau, Qualitätssteigerung) erklärt, aber noch lange nicht entschuldigt. In solchen Fällen ist das berufliche Umfeld instabil, alles ist ständig im Umbruch: Die Lebensstelle gibt es nicht mehr. Diese neue Situation schafft Unsicherheiten: Angst vor der Entlassung, verstärkt durch die Angst, keine Stelle mehr zu finden, Angst vor der Ungewissheit, Angst, das Erworbene zu verlieren. Unter diesen Umständen wird eine andere Person schnell als störend, als Konkurrenz betrachtet; es ist einfacher, die eigenen Ängste auf die andern zu projizieren – dadurch wird dem Mobbing Tür und Tor geöffnet.

---

6 M. F. Hirigoyen, *Die Masken der Niedertracht: Seelische Gewalt im Alltag und wie man sich dagegen wehren kann,* München, Beck, 1999, S. 69.

7 A. Durieux, S. Jourdain, *L'entreprise barbare. Licenciements, intrigues, harcèlements: l'enfer au bureau,* Albin Michel, Paris, 1999.

1.2.2 Was unterscheidet sexuelle Belästigung von Mobbing?

Obwohl sich sexuelle Belästigung und Mobbing in verschiedenen Aspekten unterscheiden, können sie nicht immer klar voneinander abgegrenzt werden. Zuerst einmal zeichnet sich sexuelle Belästigung durch ein Verhalten sexueller oder sexistischer Natur aus, während bei Mobbing die sexuelle Komponente nicht wesentlich ist (wenn auch manchmal, wie wir später zeigen werden, sexuelle Inhalte zum Mobbing eingesetzt werden können). Zudem unterscheiden sich die zwei Phänomene nach Häufigkeit und Dauer. Dass das Verhalten wiederholt wird und länger andauert, ist kein relevantes Kriterium zur Definition sexueller Belästigung, im Gegensatz zum Mobbing, das wiederholt und über längere Zeit erfolgen muss, um nicht als einfacher Arbeitskonflikt behandelt zu werden. Zudem tritt Mobbing als Folge eines ungelösten Konflikts auf, während sexuelle Belästigung im Allgemeinen nicht in Zusammenhang mit einer Auseinandersetzung steht. Wenn man schliesslich die Absichten des Täters ansieht, will die mobbende Person im Allgemeinen die andere Person ausschliessen, während der sexuelle Belästiger im Prinzip versucht, sein Opfer seinem Willen zu unterwerfen.

Auch wenn die Verhaltensweisen bei sexueller Belästigung anders sind als beim Mobbing, kommt bei sexueller Belästigung Mobbing häufig noch dazu. Wenn Frauen sich über sexuelle Belästigung beklagen, sagen sie oft, dass sie gleichzeitig gemobbt werden: *«Er berührte mein Knie, als er den Schlüssel eines Studios schwenkte, das er mir in den schönsten Farben schilderte. Er war immer hinter mir her, um meine Arbeit zu kontrollieren und wegen kleiner Schnitzer zu nörgeln.»*[8]

Eine andere Möglichkeit ist, dass sexuelle Belästigung als Mobbing benutzt wird mit dem Ziel, die betreffende Person zu verunsichern und/oder sie zur Kündigung zu drängen. Dies entspricht der sexuellen Belästigung, mit der ein feindseliges Arbeitsklima geschaffen wird: *«Meine Liebe, wenn man so schöne Brüste hat wie du, macht man keine Männerarbeit.»*[9]

Schliesslich **gehen viele Fälle von sexueller Belästigung in Mobbing über.** Wenn das Opfer auf die eine oder andere Weise dem sexuellen Belästiger seine Ablehnung signalisiert, kann dieser aus Ärger versucht sein, sich zu rächen. Er kann «seinem Opfer» das Leben unerträglich machen, bis es aufgibt, krank wird oder selbst die Kündigung einreicht, wenn es sie nicht schon erhalten hat: *«Er verlangte von mir, ich solle im Minijupe kommen. Er sagte mir, ich sei schön. Eines Tages wagte ich, ihm zu sagen, dass mich sein Verhalten störe. Von da an warf er mir ständig Fehler bei der Arbeit vor. Ich gab auf und reichte die Kündigung ein.»*[10] Ähnlich gelagert ist

---

[8] Aussage einer Frau gegenüber dem Komitee gegen sexuelle Belästigung Genf.
[9] Aussage einer Frau gegenüber dem Komitee gegen sexuelle Belästigung Genf.
[10] Aussage einer Frau, die an einer Untersuchung mit 558 Frauen in 25 Unternehmen in Genf teilnahm.

ein Fall, den das Arbeitsgericht Genf beurteilt hat. Hier wurde eine Angestellte von ihrem Arbeitgeber gemobbt, nachdem sie seine Annäherungsversuche zurückgewiesen hatte.

1997 wurde eine Frau als Zimmermädchen in einem Genfer Hotel angestellt. Der Direktor versuchte bald, von ihr sexuelle Gefälligkeiten zu erhalten. Er war für die Organisation ihrer Arbeit zuständig und nutzte jede Gelegenheit, um sie an verschiedenen Körperstellen zu berühren. Dabei sagte er immer wieder, sie würde am Ende doch noch in eine sexuelle Beziehung einwilligen. Bei einer Gelegenheit schloss er sich mir ihr in einem Zimmer ein und versuchte, sie gegen ihren Willen zu entkleiden. Sie wehrte sich, erinnerte ihn an den streng beruflichen Charakter ihrer Beziehung und floh. Nach dieser Zurückweisung organisierte der Direktor ihre Arbeit neu und liess sie die Arbeit von zwei Angestellten machen. Schliesslich wurde sie entlassen. Die Entlassung wurde als missbräuchlich betrachtet, und das Opfer erhielt Fr. 3500.– als Entschädigung für die missbräuchliche Entlassung und Fr. 6000.– als Genugtuung. (Urteil des Arbeitsgerichts Genf vom 27. Juli 1998 in der Sache Nr. C/4655/98-6)

Hinter Mobbing kann sich also eine vorangegangene sexuelle Belästigung verstecken. Oft ziehen es die Opfer vor, Mobbing anzuzeigen statt sexueller Belästigung. Sie fürchten zu Recht, dass man ihnen vorwirft, sie hätten die sexuelle Belästigung provoziert, während dies bei Mobbing weniger der Fall ist. Manchmal sind die Opfer auch nicht in der Lage, den Zusammenhang zwischen den beiden Phänomenen herzustellen. Das kann so weit gehen, dass sie die sexuelle Belästigung nicht einmal als solche wahrnehmen, weil sie in gewissen Arbeitsumfeldern Bestandteil des normalen Alltagsverhalten zu sein scheint. Daher verstehen sie nicht, warum der Kollege oder der Chef sich plötzlich anders verhält.

1.2.3 Die Ursachen: Arbeitsorganisation und Machtverhältnisse zwischen den Geschlechtern

Die Ursachen der beiden Phänomene sind unterschiedlich. Mobbing entsteht im Wesentlichen auf Grund einer schlechten Arbeitsorganisation. Es kommt am häufigsten dort vor, wo die Arbeitsorganisation unklar und das Arbeitstempo hoch ist, wo die Mitarbeiterinnen und Mitarbeiter unter Druck arbeiten, miteinander in Konkurrenz stehen (z.B. leistungsabhängiger Lohn), die Verantwortlichkeiten schlecht definiert sind und die Vorgaben ständig wechseln. Die Vorgesetzten sind manchmal nicht fähig und nicht dazu ausgebildet, Konflikte zu lösen; die Unternehmensleitung lässt sie machen und ergreift keine Schutz- oder Präventionsmassnahmen. Schliesslich verschlechtert das von Unsicherheit geprägte Klima die Stimmung und verstärkt Spannungen und Konflikte, was zu Mobbing führen kann. Wenn hier die Unternehmensleitung nicht Massnahmen zur

Schaffung oder Wiederherstellung eines gesunden Arbeitsklimas ergreift, ist die Entstehung von Mobbing unausweichlich. Die grundlegenden Ursachen von Mobbing liegen also in der Arbeitsorganisation, in der Aufgabendefinition und im Führungsstil.

Sexuelle Belästigung ensteht dagegen bevorzugt in einem Klima, in dem Frauen nicht als vollwertige Arbeitskräfte mit ihren beruflichen Fähigkeiten wertgeschätzt werden. Das wesentliche Merkmal der sexuellen Belästigung ist, dass Frauen als Sexualobjekte betrachtet werden, die denjenigen zur Verfügung stehen müssen, die sie begehren; die Täter können sich nicht vorstellen, dass die betreffende Frau nein sagen könnte. Belästiger sind als Männer beschrieben worden, nach deren Rollenideal der Mann dominierend sein muss und die eine negative Einstellung gegenüber Frauen haben.[11] Zusammenfassend gesagt: Ursache der sexuelle Belästigung ist ein sexistisches und machohaftes Klima.

1.2.4 Phänomengerechte Behandlung und Lösung von Konflikten

Wie erwähnt unterscheiden sich die beiden Phänomene in der Art, wie sie sich zeigen, und in ihren Ursachen. Zu ihrer Verhinderung müssen Massnahmen ergriffen werden, die ihre spezifischen Merkmale berücksichtigen. In beiden Fällen muss zur Bestimmung der Risikofaktoren das Arbeitsumfeld analysiert werden.

Um Mobbing zu bekämpfen, muss man besonders auf das allgemeine Arbeitsklima achten: Sind Budgetkürzungen oder ein Personalabbau erfolgt, besteht chronisch oder punktuell Arbeitsüberlastung, sind Verantwortungsbereiche neu zugeteilt worden, sind neue Arbeitsverfahren eingeführt worden? Solche Umwälzungen können zu Konflikten führen, und ein ungelöster Konflikt kann in Mobbing übergehen. Auch Führungsstile, die Konkurrenz, Diskriminierung oder Günstlingswirtschaft fördern, begünstigen Mobbing.

Zur Verhinderung von sexueller Belästigung sollte eine Unternehmensleitung bei der Einstellung von Mitarbeiterinnen und Mitarbeitern, insbesondere wenn es sich um Vorgesetzte handelt, besonders sorgfältig prüfen, ob diese die Gleichberechtigung von Frauen und Männern am Arbeitsplatz anerkennen, keine stereotypen Auffassungen von den Geschlechterrollen und keine machohaften und autoritären Vorstellungen von den Beziehungen zwischen Frau und Mann haben. Wenn sich bei den Mitarbeitern sexistisches Verhalten einschleichen sollte, muss dieses sofort gestoppt werden.

Schliesslich erfordert die Verhinderung sowohl von Mobbing wie von sexueller Belästigung ein Sensibilisierungs-, Informations- und Schulungsprogramm für alle Mitarbeiterinnen und Mitarbeiter. Dazu sollten Reglemente aufgestellt werden, in denen das Verfahren bei

[11] Fitzgerald, Sexual harassment: the definition and measurement of a construct, in M. A. Paludi (Hrsg.), *Ivory power: sexual harassment on campus,* State University of New York Press, Albany, 1991.

Problemen sowie die anwendbaren Sanktionen festgelegt sind (siehe *Kapitel 3, 5 und 6*).

1.3 Die Opfer[12]

Es wäre illusorisch, ein Phantombild der Opfer zeichnen zu wollen. Es sind im Allgemeinen Frauen. Auch Männer können betroffen sein, wenn auch in geringerem Ausmass. Man kann das Phänomen der sexuellen Belästigung nicht verstehen, wenn man es nicht mit den Beziehungen zwischen Frauen und Männern in Zusammenhang bringt. Frauen sind Opfer von sexueller Belästigung auf Grund ihrer Zugehörigkeit zum weiblichen Geschlecht, und die sexuelle Belästigung bildet eine spezifische Komponente der Arbeitsbedingungen von Frauen. Für Männer dagegen bildet die Geschlechtszugehörigkeit kein entscheidendes Kriterium. Bei Männern, die belästigt werden, handelt es sich vor allem um junge (aufgrund ihres Alters und/oder mangelnder Erfahrung) und homosexuelle Männer.[13] Es ist kein Zufall, dass homosexuelle Männer sexuell belästigt werden, denn sie passen nicht ins dominierende heterosexuelle Schema. Sie werden oft abwertend der Gruppe der Frauen zugeordnet, weil sie gesellschaftlich nicht als «richtige» Männer betrachtet werden. Sie erfüllen eine der Rollen, die den Männern zugewiesen werden, nicht, nämlich diejenige, Frauen zu erobern.

Bei den Frauen, die Opfer sexueller Belästigung werden, ist das Profil weniger klar: Sie sind jung oder weniger jung, schlecht qualifiziert oder Kaderangehörige, Schweizerinnen oder Ausländerinnen, verheiratet, geschieden, verwitwet oder ledig, haben Kinder oder sind kinderlos, sind gesund oder krank, heterosexuell oder lesbisch. Allerdings werden Lesben, wie männliche Homosexuelle, besonders aufs Korn genommen, einerseits, weil sie Frauen, und anderseits, weil sie Lesben sind. Es handelt sich hier um sexuelle Belästigung, die mehr oder weniger darauf abzielt, die Opfer für ihre sexuelle Orientierung zu bestrafen.

Zusammenfassend gesagt können alle Frauen sexueller Belästigung begegnen; Unterschiede gibt es allerdings bei der Art der sexuellen Belästigung, deren Häufigkeit und Auswirkungen auf die Opfer.

1.3.1 Die Risikofaktoren

Niemand ist vor sexueller Belästigung am Arbeitsplatz geschützt, aber das Umfeld kann sexuelle Belästigung mehr oder weniger begünstigen. Ein Risikofaktor ist es unter anderem, wenn einzelne Frau-

---

[12] Die Opfer von sexueller Belästigung sind grösstenteils Frauen. Auch Männer werden belästigt, aber sie sind in der Minderheit. Deshalb verwenden wir allgemein die weibliche Form, wenn wir von Opfern sprechen.

[13] U. Rauchfleisch, *Sexuelle Belästigung am Arbeitsplatz,* mündlicher Beitrag am Studientag «Sexuelle Belästigung am Arbeitsplatz», durchgeführt vom Eidgenössischen Büro für die Gleichstellung von Frau und Mann, 17. Dezember 1999.

en in einem männlichen Umfeld arbeiten oder wenn sie einen Beruf ausüben, der traditionell Männern vorbehalten ist. Ein anderer Risikofaktor ist es, wenn viele unqualifizierte Frauen einen männlichen Vorgesetzten haben. Temporärarbeit kann sexuelle Belästigung ebenfalls begünstigen.

Gewisse Kategorien von Frauen sind auf Grund ihrer sozioökonomischen Situation exponierter als andere, da sie in der Regel nicht die Möglichkeit haben, Widerstand zu leisten oder sich zu verteidigen. Dies ist der Fall bei Arbeitnehmerinnen in prekären Arbeitsverhältnissen (keine oder begrenzte Aufenthaltsbewilligung, geringe oder keine Qualifikation, mangelnde Berufserfahrung, allein erziehende Mütter, körperliche oder geistige Behinderung usw.).

Arbeitnehmerinnen mit prekärem Status (schlecht ausgebildet und/oder qualifiziert) sind öfter mit Berührungen, aufdringlichen Annäherungsversuchen oder Erpressung am Arbeitsplatz konfrontiert. Frauen mit sicherem Status (Sekundarschulniveau, Diplom, Kader usw.) beklagen sich vor allem über unpassende Bemerkungen und demütigende Äusserungen. Sie verfügen wahrscheinlich über mehr Möglichkeiten, sich zu wehren und die sexuelle Belästigung zu stoppen.[14]

1.3.2 Status und Möglichkeiten, sich zu wehren

Auch wenn jede Frau eines Tages sexuell belästigt werden kann, so haben doch nicht alle die gleichen Möglichkeiten, sich dagegen zu wehren. Einigen gelingt es, bei der ersten unpassenden Handlung sofort zu reagieren, während es anderen auf Grund ihres Status und ihrer Funktion im Unternehmen, ihres Gesundheitszustands, ihrer familiären Situation, ihres Selbstwertgefühls oder des Status des Belästigers nicht möglich ist, die Belästigung zu stoppen. So kann zum Beispiel eine Frau, die sich in einer guten sozialen und beruflichen Situation befindet, der es im Privatleben wohl ist und die in ihrem eigenen Land lebt, eine Belästigung durch einen Hilfsangestellten ohne Macht, der zudem noch Ausländer ist, leicht stoppen.

In diesem Fall, der relativ selten ist, hat die Frau mehr Macht als der Täter. Arbeitnehmerinnen können sich aber nur schlecht verteidigen, wenn die Person, die sie belästigt, ein Vorgesetzter ist.

Man kann jedoch nicht behaupten, nur Frauen in untergeordneter Stellung und in einer prekären Lage würden Opfer von sexueller Belästigung. Oft setzt man das Vorliegen einer sexuellen Belästigung gleich mit der Unfähigkeit der Frauen, diese zu stoppen. Doch auch wenn es Arbeitnehmerinnen gelingt, sexueller Belästigung Einhalt zu gebieten, sobald sie auftritt, sollte man daraus nicht schliessen, dass es sich um keine solche handle; Frauen bezeichnen ein Verhal-

[14] V. Ducret, C. Fehlmann, *Sexuelle Belästigung am Arbeitsplatz: Worüber Frauen schweigen,* op. cit., S. 39–44.

ten eventuell nicht als sexuelle Belästigung, weil es keine weiteren Auswirkungen hatte. Eine einzelne Handlung hat im Allgemeinen weniger Nachwirkungen als ein wiederholtes Verhalten. Auf jeden Fall bleibt aber sexuelle Belästigung, unabhängig von den mittel- und langfristigen Auswirkungen auf die betroffene Person, inakzeptabel. Zudem fühlen sich Personen, die sich erfolgreich gewehrt haben, danach wahrscheinlich selbstsicherer und nehmen sich daher weniger als Opfer von Belästigung wahr als Personen, die Belästigung still erdulden und sich schuldig fühlen, weil sie nicht reagiert haben.

1.4 Die Täter[15]

In den allermeisten Fällen von sexueller Belästigung sind die Täter Männer. Frauen als Täterinnen sind sehr selten, und wenn, dann sind sie dem Opfer im Allgemeinen hierarchisch oder zahlenmässig überlegen.

Aber Belästiger können auch Arbeitskollegen, ja sogar Untergebene oder betriebsexterne Personen (Kunden, Lieferanten, Delegierte, Berater usw.) sein. Die Nationalität spielt hingegen keine Rolle. Ja, auf den ersten Blick unterscheidet die Belästiger nichts von anderen Menschen.

Unseres Wissens gibt es keine detaillierten Untersuchungen über Täter bei sexueller Belästigung. Der Grund ist offensichtlich: Die Täter geben sich nicht zu erkennen. Es ist also schwierig, ein Profil des typischen Belästigers zu zeichnen, wenn es dies überhaupt gibt. Wir können aber sagen, dass sein Verhalten weder durch einen nicht bezähmbaren Trieb noch durch sexuelle Entbehrung ausgelöst wird. Die Täter sind im Allgemeinen nicht krank. Ihr Verhalten ist eher vom Bedürfnis bestimmt, Frauen zu unterwerfen, sie zu entwerten, auszuschliessen oder auf den Status eines Objekts zu reduzieren. Wenn man auch kein Bild des Belästigers zeichnen kann, so kann man doch einige Hypothesen darüber aufstellen, warum viele Männer ein solches Verhalten zeigen. Es geht nicht darum, die Männer als Misshandler und die Frauen als Opfer zu zeigen, sondern darum, das Umfeld zu verstehen, in dem Frauen und Männer sozialisiert werden und das gewisse Verhaltensweisen fördern kann.

1.4.1 Männlichkeit gegen Weiblichkeit

Die Gesellschaft vermittelt stereotype Vorstellungen von männlichen und weiblichen Rollen. Aus dieser Sicht sind «männliche Männer» kraftstrotzende, dominierende Eroberer, während die Frauen sanft, unterwürfig und durch diese Männlichkeit verführbar sind. Die Ideale vieler Menschen sind noch sehr von diesen Vorstellungen geprägt.

---

[15] Sowohl Männer als auch Frauen können bei sexueller Belästigung Täter sein. In der Praxis sind es aber grösstenteils Männer, die sexuell belästigen. Deshalb verwenden wir allgemein die männliche Form, wenn wir von den Tätern sprechen.

Dieses Bild von Männlichkeit ist Teil der gesellschaftlichen Konstruktion der männlichen Identität, und schon der kleine Junge lernt, nicht zu weinen, stark zu sein, seine Gefühle zu verstecken. Wenn er älter wird, erwartet man dann von ihm, dass er eine Frau nach der anderen erobert. So fühlen sich einige Männer gezwungen, Frauen sexuell zu belästigen, um ihre Männlichkeit zu beweisen.

Sexuelle Belästigung ist aber Teil einer Logik der Macht und hat nicht viel mit sexueller Anziehung zu tun. Einige Männer neigen dazu, Verführung und Ausübung von Macht über eine andere Person zu verwechseln. Wie wir gesehen haben, hat sexuelle Belästigung häufig das Ziel und ganz sicher den Effekt, die betroffene Person zu verunsichern, ja zu demütigen. Der Belästiger hat Freude daran, das Opfer zu verunsichern, und seine Befriedigung beruht darauf, dass er Macht über eine andere Person ausüben kann; dieses Gefühl der Macht stärkt sein Ego. Das Opfer fühlt sich ohnmächtig, während der Täter seine Macht geniesst. So werden viele Verhaltensweisen, die Frauen als sexuelle Belästigung erleben, von den Männern nicht als solche interpretiert. Die Frauen haben ihrerseits manchmal Mühe, die sexuelle Belästigung zu stoppen: Einerseits verfügen sie in der Gesellschaft noch über wenig Macht, anderseits fällt es ihnen schwer, ein kategorisches Nein auszusprechen, weil sie dem Modell der sanften Frau entsprechen möchten.

1.4.2 Frauen als Eindringlinge in die Arbeitswelt

Sexuelle Belästigung kann auch mit der Angst der Männer vor weiblicher Konkurrenz erklärt werden. Sexuelle Belästigung ist manchmal eine Bedingung für eine Anstellung, eine Art Initiationsritus, mit dem die Frau Zugang zu männlichen Tätigkeitsfeldern erlangt, eine Erpressung, bei der die Stelle oder die Beförderung auf dem Spiel steht. Vor der weiblichen Konkurrenz fürchten sich Männer besonders in Berufen, wo früher nur Konkurrenz unter Männern geherrscht hat. Die neue Konkurrenz wirkt oft verunsichernd und wird als Infragestellung der eigenen Kompetenz empfunden, vor allem wenn Frauen Kaderpositionen besetzen. Zudem fühlen sich Männer durch die Anwesenheit von Frauen in ihren sprachlichen Gewohnheiten gestört, zum Beispiel bei der Verwendung gewisser Anzüglichkeiten. Sie nehmen die Frauen als Bedrohung ihrer «Freiheit» wahr. Einige Männer sind auch deshalb durch die Anwesenheit von Frauen in ihrem beruflichen Umfeld irritiert, weil dieses «Eindringen» die gängige Vorstellung in Frage stellt, nach der Frauen in erster Linie zu Hause bleiben und Haushalt und Kinder betreuen sollten.

So sind einige Männer versucht, die Frauen durch ein feindliches Arbeitsklima oder sexuelle Belästigung dafür büssen zu lassen, dass sie in die Arbeitswelt eingedrungen sind, unabhängig davon, ob sie nun tatsächlich Konkurrentinnen sind oder nicht. Diese Haltung drückt sich insbesondere durch verächtliche Ausdrücke über Frauen aus, wie zum Beispiel: *alles Miststücke, Schlampen oder Huren*. Die Verachtung äussert sich auch in der Art, wie Frauen angesprochen werden, nicht mit ihrem Namen, sondern mit herablassenden Ausdrücken wie zum Beispiel *Schätzchen*. Beleidigungen, ob an Frauen oder Männer gerichtet, sind sehr oft frauenfeindlich gefärbt. Die gewählten Ausdrücke stammen aus der weiblichen Sphäre und beziehen sich auf die Sexualität, wie: *Hurensohn, Puff, Fotze*. Diese Ausdrücke zielen darauf ab, das Weibliche abzuwerten und den Frauen nur negative Merkmale zuzuschreiben.

1.5 Die Vorurteile

Noch heute gibt es trotz zahlreicher wissenschaftlicher Studien auf diesem Gebiet Vorurteile und falsche Vorstellungen von der Sexualität, den Frauen, den Männern, den Beziehungen zwischen den Geschlechtern und auch von sexueller Belästigung. Was ist ein Vorurteil? Der *Wahrig* gibt folgende Definition: *vorgefasste Meinung, Urteil ohne Prüfung der Tatsachen*. Das Vorurteil – der Name sagt es – urteilt vorzeitig. Es handelt sich um eine vorgefasste Meinung ohne ausreichende Grundlage, um ein Urteil (für oder gegen etwas), das im Voraus gefällt wird und das unter gewissen Umständen Diskriminierungen fördern oder sogar rechtfertigen kann. Deshalb ist es gut, die Gemeinplätze zu kennen, die über sexuelle Belästigung in Umlauf sind, damit man sie nicht mehr als unveränderliche Wahrheiten betrachtet. Wir stellen nachfolgend die Vorurteile vor, die im Zusammenhang mit sexueller Belästigung am häufigsten auftreten:

- *Sie haben es provoziert.*
- *Nur junge und hübsche Frauen werden sexuell belästigt.*
- *Sie sind auf Vorteile aus.*
- *Sie mögen das.*
- *Das ist ein Komplott, sie wollen sich rächen.*
- *Die sind krank.*
- *Sie stammen aus einer anderen Kultur.*

1.5.1 Provokation

«Sie haben es provoziert.» Dieses Argument wird regelmässig vorgebracht, wenn von sexueller Belästigung die Rede ist. Dabei haben die meisten Frauen, die Opfer sexueller Belästigung werden, diese ganz eindeutig nicht provoziert. In den meisten Fällen von sexueller Belästigung am Arbeitsplatz spielen Erscheinungsbild, Alter oder Kleidung keine Rolle, und Studien haben gezeigt, dass Provokation keineswegs der auslösende Faktor ist. Das Argument der Provokation, das im Allgemeinen nachträglich vorgebracht wird, hat zum Ziel, die Verantwortung den Opfern zuzuweisen. Es bestraft die belästigte Person doppelt, da sie nicht nur nicht als Opfer anerkannt wird, sondern auch die Verantwortung für die erlittene Handlung zugeschoben bekommt.

Eine in Genf durchgeführte Studie[16] mit über 500 Frauen in 25 Unternehmen zeigte, dass sich 72% der Frauen in Verhalten oder Auftreten einschränkten, um sexuelle Belästigung zu verhindern oder sich davor zu schützen (sich möglichst unauffällig kleiden, sich kühl geben, sich abschotten usw.). Trotz all dieser Vorsichtsmassnahmen waren 67% der Frauen, die sich schützten, sexuell belästigt worden. Diese Zahlen entkräften das in unserer Gesellschaft weit verbreitete Vorurteil, dass eine Frau sexuelle Belästigung vermeiden kann. Es ist ein Mythos zu glauben, dass nur gewisse Frauen (die, die es provozieren) Gefahr laufen, sexuell belästigt zu werden, und dass die andern davor geschützt sind. Frauen, die sexuell belästigt worden sind, sagen oft, sie hätten nie gedacht, dass ihnen dies passieren könnte.

1.5.2 Jugend und Schönheit

«Nur junge und hübsche Frauen werden sexuell belästigt.» Eine junge Frau läuft eher Gefahr, sexuell belästigt zu werden – nicht weil sie jung ist, wie viele denken, sondern weil sie eine Berufsanfängerin ist und weil ihr Sicherheit und Erfahrung fehlen.[17] Eine Frau, die nach einem familienbedingten Unterbruch wieder in den Beruf einsteigt, befindet sich ebenfalls in einer exponierten Situation und läuft genauso wie die junge Frau Gefahr, Opfer sexueller Belästigung zu werden.

Es muss betont werden, dass Jugend und Schönheit nicht die Gründe sind, die zu sexueller Belästigung führen. Sexuelle Belästigung ist nicht die Folge von sexueller Anziehung, sondern vor allem eine Machtdemonstration. Die enge Verknüpfung von Verführung, Schönheit und Jugend zeugt von einer ziemlich vereinfachenden Sicht der Sexualität. Doch diese stereotype Vorstellung ist in der Öffentlichkeit sehr verbreitet und macht es schwierig, sich vorzustellen, dass eine sechzigjährige Frau, mollig und ergraut, sexuell belästigt werden könnte. Trotzdem kommt dies vor.

1.5.3 Karriere durchs Bett

Wir hören oft die Aussage, dass Frauen Annäherungsversuche akzeptieren, um befördert zu werden, aber es gibt keine seriöse Untersuchung zu dieser Frage. Die Forschung hat hingegen gezeigt, dass sexuelle Belästigung für die Opfer sehr oft dramatische Konsequenzen hat.[18]

In der Arbeitswelt haben es Frauen immer noch schwer, Anerkennung für ihre Fähigkeiten zu finden. Dieses Problem verweist uns auf den grösseren Zusammenhang der Ungleichheit zwischen Frauen und Männern. Anspielungen auf «Karrieren durchs Bett»

---

[16] V. Ducret, C. Fehlmann, *Sexuelle Belästigung am Arbeitsplatz: Worüber Frauen schweigen,* op. cit., S. 56–59.

[17] Ibid., S. 41.

[18] S. Cromer, *Le harcèlement sexuel en France. La levée d'un tabou 1985–1990,* La documentation française, Paris, 1995, S. 71–92.

spiegeln ein sexistisches Stereotyp wieder, gemäss dem eine Frau eine hohe Position nur dank ihres Körpers und nicht dank ihrer Fähigkeiten erreichen kann.

1.5.4 Einverständnis

Es fällt uns manchmal schwer zu verstehen, wie eine Frau während Monaten oder sogar während mehrerer Jahre zudringliches Verhalten ertragen kann, ohne sich zu beklagen. Und einige mögen denken: «Es muss ihr trotzdem gefallen.» Es gibt viele Gründe, warum Frauen nicht aktiv reagieren: Angst vor Vergeltungsmassnahmen wie Verlust der Stelle oder anderen Sanktionen, wie Mobbing (Versetzung, Senkung des Beschäftigungsgrads oder des Lohns, Erhöhung der Arbeitsbelastung usw.). Zudem sind Frauen, wenn sie mit sexueller Belästigung konfrontiert werden, oft durcheinander und verwirrt und wissen nicht, wie sie sich verhalten sollen, um nicht einen Konflikt heraufzubeschwören. Es ist schwierig, klar und bestimmt zu antworten und gleichzeitig die stereotype Verhaltensnorm für Frauen zu erfüllen, nämlich sanft und verständnisvoll zu sein. Aggressivität und Bestimmtheit werden oft als typisch männliche Qualitäten betrachtet. Frauen, deren Persönlichkeit durch Erfahrungen in der Welt der Politik geprägt ist, wird daher oft unweibliches Verhalten vorgeworfen.

Es gibt viele Gründe, weshalb Frauen kein klares Nein aussprechen; im Allgemeinen wählen sie eher ein Verhalten, das Missbilligung indirekt ausdrückt (sich kühl und distanziert geben, Ironie und Verachtung dem Aufdringlichen gegenüber, sich entfernen, den Täter ignorieren usw.). Sie geben dem Belästiger auf diese Weise zu verstehen, dass sein Verhalten unerwünscht ist. Viele Arbeitnehmerinnen glauben zudem, der Belästiger werde mit der Zeit der Sache überdrüssig werden; in dieser Hoffnung tun sie, als ob sie sein Verhalten nicht wahrnehmen würden. Dadurch gewinnen sie aber nichts, da die Belästigung im Allgemeinen weitergeht und sich die Situation verschlechtert. Nach einiger Zeit wagen sie dann nicht mehr zu reagieren aus Angst, man werfe ihnen ihr «schweigendes Einverständnis» vor – und schon sitzen sie in der Falle.

1.5.5 Falsche Beschuldigungen

Eine häufige Reaktion von Personen, die der sexuellen Belästigung beschuldigt werden, ist, zu behaupten, die Beschuldigung sei falsch, es handle sich um Lügen, um ein Komplott. Eine Klage wegen sexueller Belästigung ist aber kein Spiel, und eine Arbeitnehmerin würde es nicht wagen, jemanden leichtfertig der sexuellen Belästigung zu beschuldigen. Die Schwierigkeiten, die eine Anzeige nach sich zieht, sind bekannt. Studien[19] zeigen, dass die Auswirkungen einer Klage für die betreffenden Arbeitnehmerinnen fast immer dramatisch sind. Erwähnt seien: Verlust an Glaubwürdigkeit und Konflikte mit Kolle-

[19] Ibid., S. 71–92.

gen, Stellenverlust, schlechte Referenzen des Arbeitgebers usw. Aus diesen Gründen haben viele Frauen Angst und zögern lange, etwas zu sagen, oder sie sprechen gar nie davon. **Die Arbeitgeber sollten nicht Angst vor einer möglichen Lawine von Klagen oder falschen Beschuldigungen haben; bedenklich stimmen sollte sie vielmehr das Ausbleiben von Klagen, denn dies heisst noch lange nicht, dass im Unternehmen keine Fälle von sexueller Belästigung vorkommen.**

Wenn eine Arbeitnehmerin Klage einreicht, steht in der Regel weder ein grösseres finanzielles Interesse (in der Schweiz sind die Entschädigungen, wenn überhaupt, lächerlich gering) noch ein Rachebedürfnis dahinter. Sie möchte nur, dass ihr Gerechtigkeit widerfährt und dass sie ihre Arbeit in einem angenehmen Arbeitsklima weiterführen kann.

1.5.6 Pathologie

Das *Diagnostische und statistische Manual psychischer Störungen (DSM 3 R)* zählt Verhaltensweisen, die für sexuelle Belästigung typisch sind, nicht zu den psychischen Störungen, und in den meisten Fällen sind die Täter auch gar nicht krank.

Belästiger haben oft verantwortungsvolle Stellen inne, sie können verheiratet und Familienväter sein und ein ganz normales Eheleben führen. Die Vorstellung, dass Belästiger krank sind, erhält und fördert ein Klima der Toleranz gegenüber deren Verhalten.

Entgegen dem herrschenden Mythos, dass der Mann einem nicht bezähmbaren Bedürfnis, dem sexuellen Trieb, unterworfen ist, den er befriedigen muss, ist sexuelle Belästigung vor allem Ausdruck eines Machtbedürfnisses.[20] Die Verwechslung von sexuellem Bedürfnis und Machtbedürfnis ist noch sehr lebendig, weil die männliche Sexualität oft über dominierendes Verhalten ausgelebt wird. In diesem Zusammenhang versteht man leicht, warum die Grenzen zwischen sexueller Belästigung und Verführung so verwischt sind. Einige Frauen mögen sich sogar für einen Moment geschmeichelt fühlen und an eine Art Verführung glauben, während sie jedoch tatsächlich sexuell belästigt werden.

1.5.7 Kultur

Zur Erklärung sexueller Belästigung werden oft kulturelle Unterschiede herangezogen. Aber sexuelle Belästigung gibt es in allen Kulturen. Es handelt sich im Allgemeinen nicht um ein Kommunikationsproblem oder falsch verstandene kulturelle Verhaltensregeln. Solche Argumente werden oft angeführt, nachdem eine Klage eingereicht wurde, um den Täter von seiner Verantwortung zu entlasten und ihn zu entschuldigen, vor allem wenn es sich um einen Mann in höherer Stellung handelt. Sexuelle Belästigung zwischen

[20] V. Ducret, C. Fehlmann, *Sexuelle Belästigung am Arbeitsplatz: Worüber Frauen schweigen,* op. cit., S. 69–70.[21] Ibid., S. 53.

Personen gleicher Nationalität kommt ebenso oft vor wie zwischen Personen unterschiedlicher Nationalität. Wenn es Missverständnisse gibt, weil der Täter die andere Person falsch einschätzt, so sollte dieser rasch lernen, dass seine Geste im Land, in dem er sich befindet, nicht toleriert wird.

1.5.8 Die Funktion des Vorurteils

Die oben besprochenen Vorurteile haben etwas gemeinsam. Sie zielen alle darauf ab, sexuelle Belästigung zu verharmlosen, **die Täter von der Verantwortung für gravierendes Fehlverhalten zu entlasten** *(es ist nicht seine Schuld, er ist krank; es ist nicht seine Kultur, seine Frau ist in der Heimat zurückgeblieben,* usw.) und den Opfern die Verantwortung für das, was ihnen widerfährt, aufzubürden *(sie hat es mit ihrer Kleidung provoziert; sie sagt nein, aber im Grund gefällt es ihr; sie bekommt nur, was sie verdient; sie wollte die Stelle, also muss sie auch die Folgen akzeptieren; sie hat diese Geschichte erfunden, um sich an ihrem Chef zu rächen,* usw.). Es ist jedoch ebenso gefährlich, ein Verhalten und dessen Schwere zu bagatellisieren, wie eine unschuldige Person zu verurteilen.

Man muss sich also unbedingt der Bedeutung der Vorurteile bewusst werden, weil sie oft eine objektive Situationsanalyse verhindern.

1.6 Die Auswirkungen auf das Opfer

Wie gross und wie gravierend die Auswirkungen sind, hängt von mehreren Faktoren ab. Welche Belästigungen hat das Opfer erlitten, wie oft und wie lange? Wer ist der Täter? Zudem reagieren nicht alle Opfer gleich auf sexuelle Belästigung. Einige sind viel verletzlicher als andere (siehe *1.3 Die Opfer).* Auf jeden Fall untergräbt sexuelle Belästigung häufig das Sozial- und Familienleben sowie die Gesundheit, gefährdet die Arbeitsstelle und führt zu einer Verunsicherung der betroffenen Personen. 28% der belästigten Frauen in der Genfer Untersuchung[21] beklagten sich über Auswirkungen, die ihr Berufs- und Privatleben ernsthaft beeinträchtigten.

1.6.1 Berufliche Auswirkungen

Sexuelle Belästigung wird sehr oft von Mobbing begleitet (siehe *1.2.2 Was unterscheidet sexuelle Belästigung von Mobbing),* insbesondere wenn das Opfer dem Täter seine Missbilligung zeigt. Er ist gekränkt und versucht sich zu rächen, indem er dem Opfer das Leben unerträglich macht, bis es krank wird und die Kündigung einreicht. Die Strategie besteht darin, die Arbeitnehmerin daran zu hindern, ihre Arbeit richtig zu tun[22], indem Informationen zurückbehalten, die Arbeitsbelastung erhöht, widersprüchliche Befehle gegeben und die Arbeitsbedingungen verändert werden (Arbeits-

[21] Ibid., S. 78.
[22] S. Cromer, *Le harcèlement sexuel en France. La levée d'un tabou 1985–1990,* La documentation française, Paris, 1995, S. 74.

zeiten, Arbeitsinstrumente, Aufgaben). **Unter dem massiven Stress wird das Opfer verunsichert und verliert das Vertrauen in die eigenen Fähigkeiten. In der Folge unterlaufen ihm Fehler bei der Arbeit, die ihm dann vorgeworfen werden und die in einigen Fällen eine Versetzung, eine Zurückstufung oder eine Entlassung rechtfertigen können.** Es wird dann schwierig, sich zu verteidigen und zu beweisen, dass der ursprüngliche Grund die sexuelle Belästigung war.

Es kommt vor, dass Angestellte nicht mehr das gleiche Interesse an ihrer Arbeit haben, nachdem sie sexuell belästigt wurden. Sie verlieren die Motivation, und es gelingt ihnen nicht mehr, sich so zu engagieren wie vorher. Sie fürchten Vergeltungsmassnahmen und misstrauen allen Mitarbeiterinnen und Mitarbeitern, dem Belästiger genauso wie Kollegen und Vorgesetzten.

Wenn die Führungskräfte des Unternehmens das Problem nicht angehen, wird das Opfer schliesslich aus Erschöpfung krank; es hat seine ganze Energie eingesetzt, um die Situation zu bewältigen, ohne das Problem lösen zu können; im Gegenteil, die Arbeitsbedingungen haben sich ganz allgemein verschlechtert.

Wenn sie keine Lösung für das Problem mehr sehen, ziehen es Arbeitnehmerinnen in vielen Fällen vor, die Kündigung einzureichen, und gehen damit das Risiko ein, arbeitslos zu werden.

Die Nachwirkungen der erlittenen Gewalt – die gesundheitliche Schwächung, der Verlust an Selbstvertrauen, das Misstrauen gegenüber Männern und der Arbeitswelt sowie die Angst, Erklärungen zur vorherigen Arbeitsstelle abgeben zu müssen[23] – erschweren die Suche nach einer neuen Stelle. Zu den persönlichen Schwierigkeiten kann in gewissen Branchen ein gesättigter Arbeitsmarkt hinzukommen.

1.6.2 Wirtschaftliche Auswirkungen

In vielen Fällen verlieren Frauen, die Opfer sexueller Belästigung werden, ihre Arbeit (entweder weil sie die Kündigung einreichen oder weil man sie entlässt). Der Preis, den sie bezahlen, ist hoch: Aufgabe des Berufs, in dem sie ausgebildet sind, Verlust von Qualifikationen, Langzeitarbeitslosigkeit und für einige schliesslich definitiver Ausschluss aus der Arbeitswelt. Einige finden keine Arbeit mehr oder sind nicht mehr fähig zu arbeiten, da das Trauma zu tief geht. Und für diejenigen, die wieder eine Arbeit finden, sind die neuen Bedingungen möglicherweise weniger gut: tieferer Lohn, andere Arbeitszeiten, die die Betreuung der Kinder nach der Schule erschweren, längerer Arbeitsweg, für den man über ein Transportmittel verfügen muss, usw. Das Risiko der Ausgrenzung und der Verarmung erhöht sich nach einer sexuellen Belästigung.

[23] Ibid., S. 76.

Auch wenn heute das GlG die Frauen besser schützt, sind sie vor Vergeltungsmassnahmen (Entlassung, Versetzung, Entzug von Aufgaben, erhöhte Kontrolle, psychischer Druck) nach einer Klage doch nicht ganz sicher. Zwar kann gemäss GlG eine Rachekündigung aufgehoben werden, doch in den meisten Fällen will die entlassene Arbeitnehmerin ihre Stelle wahrscheinlich sowieso nicht wiederhaben.

1.6.3 Gesundheitliche Auswirkungen

Frauen, die sexuell belästigt worden sind, haben hauptsächlich psychische Probleme, zu denen verschiedene chronische körperliche Leiden hinzukommen. Ein physisches Trauma – zum Beispiel der Hörverlust durch Lärmeinwirkung – ist leicht zu quantifizieren. Ein Test mit dem Hörmessgerät erlaubt es, den Hörverlust zu messen. Aber die physischen und psychischen Folgen einer Aggression wie sexuelle Belästigung sind nur schwer messbar. Mit sexueller Belästigung kann verbal und/oder nonverbal mehr oder weniger Zwang oder Aggression ausgeübt werden. Es hängt auch vom Kontext ab, in dem sich das Ganze abspielt, von der Persönlichkeit der belästigten Person und ihrer Lebensgeschichte.

Jeder Konflikt am Arbeitsplatz – und erst recht ein Fall von sexueller Belästigung – kann bei den Betroffenen teilweise sehr schwere psychische Störungen verursachen: Schlaf- und Appetitstörungen, Alpträume, Weinkrämpfe, Muskelkrämpfe, Depressionen, Angstzustände, Müdigkeit, Bulimie/Anorexie, Aggressivität gegenüber der Umgebung, Misstrauen gegenüber Kollegen, sexuelle Probleme, Schuldgefühle, Verlust des Selbstvertrauens und der Spontaneität, Verzweiflung, Selbstmordversuche und manchmal Selbstmord. Diese psychischen Störungen erhöhen die Anfälligkeit für somatische Störungen: Geschwüre des Verdauungstrakts, Bluthochdruck, Ekzeme, Asthma, Kopfweh, Ausbleiben der Menstruation oder Blutungen, Erbrechen usw.[24] Alle diese psychosomatischen Störungen sind Ausdruck davon, dass die Person das Erlebte nicht verarbeitet hat und befürchtet, wieder in eine solche Situation zu geraten. In diesem Zustand ist sie unfähig zu reagieren, und manchmal bleibt ihr als einzige Lösung, der Arbeit fernzubleiben oder sogar die Stelle aufzugeben.

1.6.4 Auswirkungen auf das Familien- und Sozialleben

Sexuelle Belästigung hat oft negative Auswirkungen auf das Familienleben. Auf Grund des Schocks sind betroffene Frauen nicht mehr fähig, die alltäglichen Hausarbeiten und die Betreuung der Kinder zu gewährleisten. Sie werden depressiv und haben nicht mehr die nötige Energie, um das Familienleben zu meistern. Nur selten finden sie in ihrer Umgebung wirkliche Unterstützung, noch seltener bei ihrem Partner. Dieser reagiert oft negativ; er kann mit dem, was

[24] Ibid., S. 78.

seiner Partnerin passiert ist, nur schlecht umgehen, er fühlt sich im Innersten getroffen, wie wenn seine eigene Würde verletzt worden wäre. Aus Überforderung und Verunsicherung verhält er sich oft unangemessen, was seine Partnerin noch mehr beeinträchtigt. Es kommt oft vor, dass er auch impulsiv und eifersüchtig reagiert: einige Männer sind so schockiert, dass sie handgreiflich werden und sich am Belästiger rächen wollen, andere weisen dem Opfer die Verantwortung zu für das, was ihm geschehen ist: *Das erstaunt mich nicht bei dir, so wie du immer den Männern nachschaust!* Aus Angst vor der Reaktion ihres Partners wagen es daher viele Frauen nicht, zu Hause davon zu sprechen. Einige hüllen sich in Schweigen, andere vergegenwärtigen wie unter Zwang immer wieder, was man ihnen angetan hat. In beiden Fällen ist die Wahrscheinlichkeit hoch, dass sich die Paarbeziehung verschlechtert oder gar in Brüche geht. Die Kinder spüren diese Trauer oder Wut oft, auch wenn sie die Gründe für die Verhaltens- und Stimmungsschwankungen ihrer Mutter nicht verstehen. Manche bekommen Schul- und Verhaltensprobleme.

Die sozialen Beziehungen werden ebenfalls erschüttert: Die Opfer sexueller Belästigung brauchten die Unterstützung der ihnen Nahestehenden und Gehör und Verständnis für ihre Erlebnisse und ihr Leiden, aber die Umgebung ist nicht immer bereit, so zuzuhören und zu raten, wie es erforderlich wäre. Sogar Freunde sind manchmal genervt, wenn das Opfer die gleichen Geschichten immer wieder erzählt. Es beginnt ein Prozess des Ausschlusses. Manchmal isoliert sich das Opfer selbst: In seiner Trauer und Depression hat es nicht mehr genug Energie, um persönliche Beziehungen zu pflegen.

1.7 Finanzielle Kosten für Unternehmen und Staat

Sexuelle Belästigung kommt die Unternehmen und den Staat teuer zu stehen. In Europa wurde noch keine Schätzung der Kosten durchgeführt, die durch sexuelle Belästigung entstehen. Wir verfügen aber über eine amerikanische Studie, die diese Kosten für die Angestellten der Bundesverwaltung geschätzt hat: Sie belaufen sich auf 189 Millionen Dollar im Jahr.[25] Die Höhe der Kosten von Personalwechseln, Fehlzeiten, die Abnahme der Produktivität, Entschädigungen (auch wenn diese in der Schweiz nicht dieselben Beträge erreichen wie in den USA) sowie die Gesundheitskosten sollten die privaten Arbeitgeber und den Staat zu Präventionsmassnahmen veranlassen.

[25] M. A. Newman, *Sexual harassment and productivity: It's not just a U.S. problem*, in Public Productivity Review (San Francisco), 19(2), Dezember 1995, S. 172–186.

1.7.1 Personalwechsel

Sexuelle Belästigung führt sehr oft zur Entlassung oder zur Kündigung des Opfers. Dieser Abgang löst das Problem aber nicht, da der Täter immer noch da ist und bei der nächsten Angestellten seine Übergriffe wieder aufnehmen kann. Der Personalwechsel erhöht die Kosten des Unternehmens, da sich die Schulung der Mitarbeiterin nicht ausgezahlt hat. Die Arbeitsatmosphäre, die nach einem Konflikt um sexuelle Belästigung allgemein schlechter wird, führt unter Umständen auch zum Abgang von Arbeitskollegen, die indirekt vom Konflikt betroffen waren.

1.7.2 Fernbleiben vom Arbeitsplatz

Die Opfer sexueller Belästigung werden häufig krank. Sie bleiben oft der Arbeit fern (kurze Absenzen), bis sie die Situation gar nicht mehr ertragen und sich krankschreiben lassen, dieses Mal für länger. Es kommen also weitere Kosten dazu: Störung der Produktion, Arbeitsvertretung, Reorganisation der Arbeit usw.

1.7.3 Mangelnde Arbeitsmotivation und Abnahme der Produktivität

Sexuelle Belästigung verschlechtert das Arbeitsklima und führt zu Spannungen zwischen den Mitarbeitenden. Eine ganze Abteilung kann davon betroffen sein. Unabhängig von den Opfern, die keine Lust zum Arbeiten haben, können die Kollegen in Folge der allgemeinen Verschlechterung des beruflichen Umfelds ebenfalls ihre Motivation verlieren.

Das mangelnde Interesse an der Arbeit äussert sich in schlechterer Arbeitsqualität und geringerer Produktivität. Eine unmotivierte und mit Problemen beschäftigte Person macht mehr Fehler und ist weniger effizient. Das kann dazu führen, dass die Leistung sinkt.

1.7.4 Kosten für Entschädigungen

Wenn ein Arbeitgeber keine Präventionsmassnahmen ergriffen hat, kann das Opfer das Gericht anrufen und eine Entschädigung verlangen, was hohe Gerichtskosten nach sich zieht: Anwaltshonorare, Entschädigungen, die bis zu sechs Monatslöhnen gehen können, sowie allfällige Genugtuungs- und Schadenersatzzahlungen (siehe *2.2.2 Artikel 5: Die Ansprüche im Fall von sexueller Belästigung*).

1.7.5 Imageschäden für das Unternehmen

Die Berichterstattung über sexuelle Belästigung ist nie gut für das Image eines Unternehmens. Die Prozesse sind öffentlich, und die Medien berichten besonders gern über solche Fälle. Nachdem der Schaden geschehen ist, sind die Unternehmen oftmals bereit, Massnahmen zu ergreifen; es wird ihnen bewusst, dass sie Aufsehen und Gerichtskosten hätten vermeiden können, wenn sie vorgängig eine interne Politik formuliert hätten.

1.7.6 Arbeitslosenentschädigungen

Die Kosten, die dem Staat entstehen, sind ebenfalls beträchtlich. Wenn die Opfer ihre Stelle verlieren, beanspruchen sie oft Arbeitslosenentschädigung. Die Arbeitslosigkeit kann lange dauern. Da sie das Selbstvertrauen verloren haben, gelingt es den Betroffenen oft nicht, eine neue Stelle zu finden. Damit erhöht sich die Zahl der Menschen, die ein Mindesteinkommen oder Fürsorgeleistungen beziehen.

1.7.7 Gesundheitskosten

Die Opfer gehen oft zum Arzt, nicht nur zur Behandlung, sondern auch, um sich krankschreiben zu lassen. Wegen der verschiedenen Leiden, die sie entwickeln (Schlafstörungen, Migräne, Ausbleiben der Menstruation, Geschwüre, Tetanie usw.), schickt sie der Allgemeinarzt oft zur Spezialistin. Psychotherapeuten werden ebenfalls beansprucht. All diese Kosten tragen zur Erhöhung der Gesundheitskosten bei. Schliesslich bezieht ein Teil der Opfer in Folge einer lang andauernden Arbeitsunfähigkeit eine Invalidenrente.

All dies macht deutlich, dass die Kosten einer Politik zur Prävention sexueller Belästigungen lächerlich gering sind im Vergleich zu den Kosten für Personalwechsel, Arbeitsabsenzen, Abnahme der Produktivität, Auszahlung von Entschädigungen durch die Unternehmen sowie Arbeitslosenentschädigung und Gesundheitsausgaben. Und schliesslich gibt es etwas, was noch schwerer wiegt als alle wirtschaftlichen Kosten: die menschlichen Kosten – gebrochene Menschen, die sich vielleicht nie mehr erholen werden.

Sexuelle Belästigung ist gesetzlich verboten

2

In diesem Kapitel stellen wir die wichtigsten Schweizer Gesetzesbestimmungen zur sexuellen Belästigung vor, die für die Führungskräfte in den Betrieben relevant sind. Wir behandeln vor allem das Bundesgesetz über die Gleichstellung von Frau und Mann (GlG), das in Artikel 4 die sexuelle Belästigung am Arbeitsplatz als Diskriminierung bezeichnet. Zur Konkretisierung werden einige Beispiele aus der Schweizer Rechtsprechung zitiert. Da die Schweiz Sitz zahlreicher internationaler Organisationen ist, gehen wir auch auf die Politik dieser Organisationen näher ein.

I Die Schweizer Gesetzgebung

Am 1. Juli 1996 trat das Bundesgesetz über die Gleichstellung von Frau und Mann (GlG) in Kraft, das sexuelle Belästigung als diskriminierendes Verhalten bezeichnet und ausdrücklich verbietet. Das GlG regelt auch die Folgen einer solchen gesetzlich verbotenen Diskriminierung.

2.1 Einleitung

Bereits lange vor Inkrafttreten des GlG wurden vor kantonalen Gerichten Fälle von sexueller Belästigung verhandelt und Arbeitgeber verurteilt. In ihren Urteilen bezogen sich die Gerichte auf die allgemeinen Bestimmungen des Arbeitsrechts, insbesondere auf Artikel 328 Abs. 1 und Artikel 101 Abs. 1 des Obligationenrechts (OR).

Artikel 328 Abs. 1 OR

> Der Arbeitgeber hat im Arbeitsverhältnis die Persönlichkeit des Arbeitnehmers zu achten und zu schützen, auf dessen Gesundheit gebührend Rücksicht zu nehmen und für die Wahrung der Sittlichkeit zu sorgen. Er muss insbesondere dafür sorgen, dass Arbeitnehmerinnen und Arbeitnehmer nicht sexuell belästigt werden und dass den Opfern von sexuellen Belästigungen keine weiteren Nachteile entstehen.

Artikel 101 Abs. 1 OR

> Wer die Erfüllung einer Schuldpflicht oder die Ausübung eines Rechtes aus einem Schuldverhältnis, wenn auch befugterweise, durch eine Hilfsperson, wie Hausgenossen oder Arbeitnehmer, vornehmen lässt, hat dem andern den Schaden zu ersetzen, den die Hilfsperson in Ausübung ihrer Verrichtungen verursacht.

So hat das Genfer Arbeitsgericht in einem Urteil von 1991 festgestellt, dass die Arbeitgeberin (eine Aktiengesellschaft) für die von einem Kadermitglied an einer Mitarbeiterin begangene sexuelle Belästigung verantwortlich ist, auch wenn der Direktor von dem Fall keine Kenntnis hatte. (JAR 1992, S. 166)

2.2 Das Gleichstellungsgesetz

Dieses Bundesgesetz bezweckt die Förderung der tatsächlichen Gleichstellung von Frauen und Männern im Erwerbsleben und verbietet die Diskriminierung aufgrund des Geschlechts. Das Gesetz gilt für alle Arbeitsverhältnisse in der Schweiz und ist sowohl privatrechtlicher als auch öffentlichrechtlicher Natur.

2.2.1 Artikel 4: Diskriminierung durch sexuelle Belästigung

Das GlG enthält eine eigene Bestimmung zur sexuellen Belästigung, die vom Gesetzgeber als Diskriminierung betrachtet und damit verboten wird.

Artikel 4 GlG

> Diskriminierend ist jedes belästigende Verhalten sexueller Natur oder ein anderes Verhalten aufgrund der Geschlechtszugehörigkeit, das die Würde von Frauen und Männern am Arbeitsplatz beeinträchtigt. Darunter fallen insbesondere Drohungen, das Versprechen von Vorteilen, das Auferlegen von Zwang und das Ausüben von Druck zum Erlangen eines Entgegenkommens sexueller Art.

Die in diesem Artikel aufgezählten Beispiele sind keineswegs erschöpfend, wie das Wort «insbesondere» deutlich macht. Die Gerichte konnten immer wieder auch andere Verhaltensweisen, wie Berührungen, obszöne Bemerkungen, Zeigen von pornographischem Material usw., als sexuelle Belästigung einstufen, auch wenn diese Handlungen nicht unbedingt darauf abzielen, ein sexuelles Entgegenkommen des Opfers zu erwirken. In einem Entscheid hat das Bundesgericht kürzlich daran erinnert, dass «sexistische Sprüche sowie anzügliche und peinliche Bemerkungen» unter den Begriff der sexuellen Belästigung fallen, ebenso alle Handlungen, die zu einem feindseligen Klima beitragen, wie z.B. deplatzierte Witze (BGE 126 III 395 u. 397). In seiner Botschaft zum Gleichstellungsgesetz hatte der Bundesrat seinerseits festgehalten: «Die sexuelle Belästigung kann verschiedene Formen annehmen: sexistische Sprüche, anzügliche und peinliche Bemerkungen, Vorzeigen oder Benutzen von pornographischem Material, Berührungsversuche, die mit dem Versprechen von Vorteilen oder Androhungen von Nachteilen verbunden sind, sexuelle Übergriffe und im Extremfall sogar Vergewaltigungen oder körperliche Gewalt.» (Botschaft des Bundesrates zum GlG, S. 57)

Im Übrigen hat das Zürcher Arbeitsgericht in einem wichtigen Urteil vom 30.9.1998 festgehalten, dass bei der Beurteilung der Aufdringlichkeit eines Verhaltens auf das Empfinden einer Durchschnittsperson weiblichen Geschlechts abgestützt werden müsse. Mit dem Empfinden der Durchschnittsperson ist, im Gegensatz zum subjektiven Empfinden der Betroffenen, eine **objektive Betrachtungsweise** gemeint. So kommt das Zürcher Gericht im erwähnten Urteil zum Schluss, dass das Verhalten eines Vorgesetzten, der seine Untergebene «Schatz» ruft, ihr seine Hand aufs Knie legt, an ihrer Bluse zieht, um hineinzusehen, von einem durchschnittlichen oder objektiven Standpunkt aus als sexuelle Belästigung betrachtet werden muss, auch wenn die Betroffene eine höhere Toleranzschwelle hat und dies nicht so empfindet (Zürcher Rechtssprechung ZR 99(2000) Nr. 111; www.gleichstellungsgesetz.ch, Fall 12[1], Internetdokumentation über Verfahren nach Gleichstellungsgesetz des Kantons Zürich).

2.2.2 Artikel 5: Die Ansprüche im Fall von sexueller Belästigung

Artikel 5 umschreibt die Rechtsansprüche der Opfer von Diskriminierungen.

Absatz 1 legt fest, dass, wer von Diskriminierungen wie sexueller Belästigung betroffen ist, beim Gericht beantragen kann, die Diskriminierung sei zu verbieten oder zu unterlassen.

Wenn das Gericht zum Schluss kommt, dass ein Fall von sexueller Belästigung vorliegt, muss es demnach vom Arbeitgeber verlangen, diese zu stoppen. Der Arbeitgeber ist dann verpflichtet, wirksame Massnahmen zu ergreifen, mit denen die Belästigung tatsächlich beendet wird. Je nach den Umständen und dem Schweregrad der Belästigung kann er den Belästiger verwarnen, versetzen, beurlauben oder fristlos entlassen.

Artikel 5 Abs. 3 GlG

> Bei einer Diskriminierung durch sexuelle Belästigung kann das Gericht oder die Verwaltungsbehörde der betroffenen Person zudem auch eine Entschädigung zusprechen, wenn die Arbeitgeberinnen oder die Arbeitgeber nicht beweisen können, dass sie Massnahmen getroffen haben, die zur Verhinderung sexueller Belästigung nach der Erfahrung notwendig und angemessen sind und die ihnen billigerweise zugemutet werden können. Die Entschädigung ist unter Würdigung aller Umstände festzusetzen und wird auf der Grundlage des schweizerischen Durchschnittslohnes errechnet.

Ziel dieser Bestimmung ist es, die Arbeitgebenden zu veranlassen, vorbeugende Massnahmen zum Schutz der Persönlichkeit zu ergrei-

[1] www.gleichstellungsgesetz.ch dokumentiert die Verfahren nach Gleichstellungsgesetz im Kanton Zürich auf dem Internet.

fen und aktiv zu werden, sobald sie von einer sexuellen Belästigung Kenntnis erhalten. Arbeitgeberinnen und Arbeitgeber, die dem Gericht beweisen können, dass sie alles Nötige unternommen haben, müssen dem Opfer keine Entschädigung bezahlen, wer diesen Beweis jedoch nicht erbringen kann, dagegen schon.

Die Massnahmen, die Arbeitgebende ergreifen müssen, werden in Kapitel III vorgestellt. Ein Beispiel, wie sich ein Arbeitgeber nicht verhalten soll, findet sich in einem Fall, den das Bundesgericht beurteilt hat: Der Arbeitgeber hatte sich, nachdem er von einer Angestellten über unangebrachte Bemerkungen und Handlungen ihres Vorgesetzen informiert worden war, damit begnügt, sie zu einer Aussprache mit dem Vorgesetzten zu schicken, der sie wenige Tage später entliess (SJ 1999, S. 281)! In einem anderen Fall, in dem ein auf eine Belästigung aufmerksam gemachter Arbeitgeber sich darauf beschränkte anzukündigen, er werde die Direktion mit der Durchführung einer Untersuchung beauftragen, wobei die Direktion von der Klägerin ebenfalls beschuldigt wurde, war das Bundesgericht der Ansicht, dass dies auf keinen Fall als angemessene Massnahme eingestuft werden könne (BGE 126 III 398–399).

Die Höhe der Entschädigung bei sexueller Belästigung wird nicht auf der Grundlage des effektiven Lohnes der Betroffenen berechnet, wie die andern im Gesetz vorgesehenen Entschädigungen (insbesondere bei missbräuchlichen Kündigungen), sondern aufgrund des Schweizer Durchschnittslohns. Der Gesetzgeber wollte damit bei der Entschädigung stossende Ungleichbehandlungen von Opfern sexueller Belästigung mit unterschiedlichem Lohnniveau verhindern. Im Jahr 2000 betrug der Schweizer Durchschnittslohn nach der offiziellen Bundesstatistik ungefähr Fr. 4900.–. Nach Artikel 5 Abs. 4 GlG kann eine Entschädigung wegen sexueller Belästigung maximal sechs Monatslöhne betragen, somit können bei sexueller Belästigung höchstens knapp Fr. 30'000.– Entschädigung zugesprochen werden. Natürlich haben, wenn mehrere Angestellte vom selben Täter belästigt wurden (was in der Praxis nicht selten vorkommt), alle Anspruch auf Entschädigung. Daraus wird deutlich: Arbeitgeber, die keine vorbeugenden Massnahmen treffen oder Klagen über sexuelle Belästigungen in ihrem Betrieb nicht ernst nehmen, müssen dies unter Umständen teuer bezahlen.

Artikel 5 Abs. 5 GlG behält dem Opfer das Recht vor, zusätzlich zur Entschädigung nach Artikel 5 Abs. 3 GlG Anspruch auf Schadenersatz und Genugtuung geltend zu machen. Schadenersatz meint die Entschädigung für den erlittenen materiellen Schaden, wie z.B. die von keiner Versicherung gedeckten Kosten für eine medizinische Behandlung. Mit der Genugtuung soll der immaterielle Schaden abgegolten werden, also das Leiden, das durch eine Persönlichkeitsverletzung verursacht wurde. Genannt sei dazu als Beispiel ein Urteil des Arbeitsgerichts Genf vom 27.6.1998, das einen Arbeitgeber zur Zahlung einer Genugtuungssumme von Fr. 6000.– an eine Angestellte verurteilte, die vom Direktor belästigt worden war (wiederholte Berührungen). Im bereits zitierten Zürcher Urteil vom 30.9.1998 wurde der Arbeitgeber dazu verurteilt, an zwei seiner Angestellten, die wegen der erlittenen Belästigung in ihrer psychischen Gesundheit beeinträchtigt waren, zusätzlich zur Entschädigung in der Höhe von drei durchschnittlichen Monatslöhnen (je Fr. 14'694.–) eine Genugtuung von je Fr. 7000.– zu zahlen.

Die Schlichtungsstelle des Kantons Zürich hat am 7.2.2001 einen Vergleich zwischen der Arbeitgeberin und einer Raumpflegerin erzielt, die von einem Vorarbeiter massiv sexuell belästigt und vergewaltigt worden war: Entschädigung in der Höhe von fünf Durchschnittslöhnen für die Raumpflegerin und eine Genugtuung von Fr. 10'000.–, insgesamt Fr. 35'520.– (www.gleichstellungsgesetz.ch, Fall 60).

2.2.3 Artikel 6: Keine Beweiserleichterung bei sexueller Belästigung

Für sexuelle Belästigung trägt diejenige Person, die Klage erhebt, die volle Beweislast. Die Beweiserleichterung gemäss Artikel 6 GlG gilt nur für Diskriminierungen bezüglich Aufgabenzuteilung, Gestaltung der Arbeitsbedingungen, Entlöhnung, Aus- und Weiterbildung, Beförderung und Entlassung. Die Rechtssprechung lässt für den Nachweis der sexuellen Belästigung das indirekte Zeugnis von Drittpersonen zu (z.B. von einer früheren Mitarbeiterin, die ebenfalls belästigt wurde, oder von einem Arzt, der Veränderungen der belästigten Person beschreiben kann).

2.2.4 Artikel 10: Verbot von Rachekündigungen

Diese Bestimmung ist ein Novum im Arbeitsrecht: Vor Inkrafttreten des GlG konnte eine Arbeitnehmerin, die entlassen wurde, weil sie gegen einen Vorgesetzen wegen sexueller Belästigung geklagt hatte, zwar die Missbräuchlichkeit der Kündigung feststellen lassen (aufgrund von Art. 336 Abs. 1 lit. d OR) und deswegen eine Entschädigung auf der Grundlage von Artikel 336a OR verlangen. Die Kündigung blieb jedoch gültig, die Arbeitnehmerin konnte keine Wiedereinstellung verlangen. Nun ist es möglich, aufgrund von Artikel 10 Abs. 1 GlG eine Rachekündigung durch das Gericht annullieren zu lassen und damit im Betrieb wieder eingestellt zu werden. Dieser Kündigungsschutz beginnt, sobald die Arbeitnehmerin sich über eine Diskriminierung beklagt, unabhängig davon, ob sie dies bei einer Stelle im Unternehmen oder bei einem Justizorgan tut, und er erstreckt sich über die ganze Zeit des betrieblichen Beschwerdeverfahrens wie auch eines allfälligen Gerichtsverfahrens sowie ein halbes Jahr darüber hinaus (Art. 10 Abs. 2). Die Kündigung muss unbedingt vor Ablauf der Kündigungsfrist beim Gericht angefochten werden.

Artikel 10 Abs. 1 GlG

> Die Kündigung des Arbeitsverhältnisses durch die Arbeitgeberin oder den Arbeitgeber ist anfechtbar, wenn sie ohne begründeten Anlass auf eine innerbetriebliche Beschwerde über eine Diskriminierung oder auf die Anrufung der Schlichtungsstelle oder des Gerichts durch die Arbeitnehmerin oder den Arbeitnehmer folgt.

Arbeitgebende können eine Angestellte, die wegen Diskriminierung gegen sie klagt, nur dann entlassen, wenn sie dafür begründeten Anlass haben. Dabei können sie sich nicht auf irgendeinen Vorwand berufen: Sie müssen vor Gericht das Vorliegen eines solchen Grundes beweisen. Beispielsweise hat die Rechtsprechung als berechtigte Gründe «wiederholtes unentschuldigtes Fernbleiben vom Arbeitsplatz, ständiges Nichtbefolgen von Anweisungen, strafrechtlich relevantes Verhalten, Tätlichkeiten im Betrieb oder eine offensichtliche Untauglichkeit» anerkannt (JAR 1992, S. 236). Keinesfalls berechtigen jedoch krankheitsbedingte Absenzen, auch wenn sie wiederholt vorkommen oder länger dauern, zu einer Entlassung, um so weniger, wenn die Krankheit eine direkte Folge der Belästigung ist, was häufig vorkommt. In einem Urteil vom 21.11.1991 hat das Genfer Arbeitsgericht festgestellt, dass ein Arbeitgeber, der seine wegen sexueller Belästigung klagende Angestellte nach Ablauf der Schutzfrist wegen Arbeitsunfähigkeit entliess, Rechtsmissbrauch beging, denn der ursächliche Zusammenhang zwischen der Belästigung und der Arbeitsunfähigkeit wegen Depression sei offensichtlich gewesen (JAR 1992, S. 166).

Mit dem GlG wurden die für den Fall von sexueller Belästigung geltenden Bestimmungen nicht ersetzt, sondern ergänzt. Daher ist es wichtig, auch die Verpflichtungen zu kennen, die sich aus andern Gesetzen ableiten, insbesondere aus dem Obligationenrecht und dem Arbeitsgesetz.

2.3 Das Obligationenrecht

2.3.1 Artikel 324: Das Recht der belästigten Person, die Arbeit zu unterbrechen

Aufgrund dieser Bestimmung kann eine Angestellte, für die das Arbeitsklima wegen sexueller Belästigung unerträglich geworden ist, von ihrem Arbeitgeber verlangen, dass er ihr angemessene Arbeitsbedingungen garantiert, und sie kann ihre Arbeitsleistung so lange verweigern, bis dies erfolgt ist. Der Arbeitgeber muss den geschuldeten Lohn weiterhin bezahlen.

Artikel 324 Abs. 1 OR

> Kann die Arbeit infolge Verschuldens des Arbeitgebers nicht geleistet werden oder kommt er aus anderen Gründen mit der Annahme der Arbeitsleistung in Verzug, so bleibt er zur Entrichtung des Lohnes verpflichtet, ohne dass der Arbeitnehmer zur Nachleistung verpflichtet ist.

2.3.2 Artikel 328: Schutz der Persönlichkeit

Mit Inkrafttreten des GlG hat der Gesetzgeber auch eine Änderung im oben erwähnten Artikel 328 Abs. 1 OR vorgenommen und den folgenden Satz angefügt:

> Er muss insbesondere dafür sorgen, dass Arbeitnehmerinnen und Arbeitnehmer nicht sexuell belästigt werden und dass den Opfern von sexuellen Belästigungen keine weiteren Nachteile entstehen.

Dieser Satz konkretisiert, was die Rechtsprechung bereits aus Artikel 328 Abs. 1 OR abgeleitet hatte, nämlich dass dort dem Arbeitgeber nicht nur untersagt wird, selbst die Persönlichkeitsrechte seiner Angestellten zu verletzen, sondern dass ihm auch eine Pflicht zum Handeln auferlegt wird: Er muss die Persönlichkeit seiner Angestellten aktiv schützen (JAR 1992, S. 168).

Übrigens enthält diese Ergänzung zu Artikel 328 Abs. 1 OR eine wichtige Neuerung, nämlich dass der Arbeitgeber dafür sorgen muss, dass seine Mitarbeiterinnen und Mitarbeiter wegen der Belästigung «keine weiteren Nachteile» erfahren dürfen. Diese Bestimmung bezieht sich auf eine leider in der Praxis häufig vorkommende Situation: Bei Vorliegen einer sexuellen Belästigung entschliesst sich der Arbeitgeber aus praktischen Gründen, die belästigte Person in eine andere Abteilung zu versetzen oder ihr andere Aufgaben zuzuweisen, um so zu vermeiden, dass sie wegen der Arbeit weiterhin Kontakt mit dem Belästiger hat. Nun ist eine solche Veränderung nicht selten mit Nachteilen für die betroffene Person verbunden (z.B. weniger interessante Aufgaben, geringere Aufstiegschancen, anstrengendere Arbeitsumgebung, Isolation usw.). In dieser Situation kann sich die betroffene Arbeitnehmerin nun unter Berufung auf Artikel 328 Abs. 1 OR dem Entscheid des Arbeitgebers widersetzen.

2.3.3 Artikel 336 und 336a: Entschädigung bei missbräuchlicher Kündigung

Wie weiter oben erwähnt, kann eine Kündigung, die gegen eine wegen sexueller Belästigung klagende Arbeitnehmerin ausgesprochen wurde, aufgrund von Artikel 10 GlG für nichtig erklärt werden, sofern nicht ein berechtigter Kündigungsgrund vorliegt. Das schliesst jedoch nicht aus, dass in bestimmten Situationen die Artikel 336 und 336a des OR über die Entschädigung bei missbräuchlicher Kündigung weiterhin zur Anwendung kommen. Artikel 10 Abs. 4 GlG sieht in erster Linie Folgendes vor:

Artikel 10 Abs. 4 GlG

> Die Arbeitnehmerin oder der Arbeitnehmer kann während des Verfahrens auf die Weiterführung des Arbeitsverhältnisses verzichten und stattdessen eine Entschädigung nach Artikel 336a des Obligationenrechts geltend machen.

Diese Bestimmung bezieht sich auf eine bei sexueller Belästigung besonderes häufige Situation, in der sich die Arbeitsbeziehungen so verschlechtert haben, dass die betroffene Person nicht mehr im Betrieb bleiben will. Die Möglichkeit, die Kündigung für nichtig erklären zu lassen und wieder angestellt zu werden, nützt ihr also gar nichts. In diesem Fall kann sie auf die Forderung nach Wiedereinstellung verzichten und stattdessen die Entschädigung für missbräuchliche Kündigung verlangen, die sich auf maximal sechs Monatslöhne der betreffenden Arbeitnehmerin beläuft.

Auch in folgender Situation können Artikel 336 und 336a OR zur Anwendung kommen: Einer Arbeitnehmerin, die wegen sexueller Belästigung geklagt hat, wird ohne triftigen Grund gekündigt, und zwar gleich nach Ablauf der sechsmonatigen Frist, innerhalb der eine Kündigung nicht möglich ist. Nun kann die Kündigung nicht mehr für nichtig erklärt werden, auch wenn sie missbräuchlich war. Hingegen kann die Arbeitnehmerin die in Artikel 336a OR vorgesehene Entschädigung für missbräuchliche Kündigung einfordern. Zu beachten ist, dass diese zusätzlich zur Entschädigung wegen sexueller Belästigung nach Artikel 5 Abs. 3 GlG zugesprochen werden kann.

Es wurde bereits erwähnt, dass Arbeitgeberinnen und Arbeitgeber über eine ganze Palette von Massnahmen verfügen, mit denen sie je nach Umständen und Schweregrad des Falles gegen einen Belästiger vorgehen können. Die stärkste Massnahme ist die in Artikel 337 OR vorgesehene fristlose Entlassung aus begründetem Anlass.

Artikel 337 Abs. 2 OR

> Als wichtiger Grund gilt namentlich jeder Umstand, bei dessen Vorhandensein dem Kündigenden nach Treu und Glauben die Fortsetzung des Arbeitsverhältnisses nicht mehr zugemutet werden darf.

Die Gerichte haben dazu bereits festgehalten, dass es einem Arbeitgeber möglich sein muss, «sich mit sofortiger Wirkung von seinem Angestellten, sei er Direktor, stellvertretender Direktor oder Geschäftsführer, der einer sexuellen Belästigung überführt ist, zu trennen» (JAR 1992, S. 166).

Artikel 337 OR kann natürlich auch vom Opfer der sexuellen Belästigung angerufen werden, wenn es seinen Arbeitsplatz unverzüglich verlassen will. In diesem Fall kann sich die Arbeitnehmerin, die ihren Arbeitsvertrag aus begründetem Anlass, wie etwa einer sexuellen Belästigung, mit sofortiger Wirkung auflöst, auf Artikel 337b OR berufen und verlangen, dass ihr der Lohn bis zum Ablauf der Kündigungsfrist weiter bezahlt wird.

2.4 Das Arbeitsgesetz (ArG)

Das ArG enthält Vorschriften zum Schutz der Arbeitnehmerinnen und Arbeitnehmer in den Bereichen Hygiene, Gesundheit und Arbeitsunfälle. Seit der Revision des ArG, die am 1. August 2000 in Kraft trat, sieht Art. 6 Abs. 1 Folgendes vor:

Artikel 6 Abs. 1 ArG

> Der Arbeitgeber ist verpflichtet, zum Schutze der Gesundheit der Arbeitnehmer alle Massnahmen zu treffen, die nach der Erfahrung notwendig, nach dem Stand der Technik anwendbar und den Verhältnissen des Betriebes angemessen sind. Er hat im Weiteren die erforderlichen Massnahmen zum Schutze der persönlichen Integrität der Arbeitnehmer vorzusehen.

Dieser letzte Satz betrifft namentlich die sexuelle Belästigung, die eine Verletzung der persönlichen Integrität darstellt.

Das Arbeitsgesetz wird durch verschiedene Ausführungsverordnungen ergänzt. Erwähnenswert in unserem Zusammenhang ist die Verordnung 3, die am 1. Oktober 1993 in Kraft trat und in Artikel 2 Abs. 1 vorsieht:

> Der Arbeitgeber muss alle Massnahmen treffen, die nötig sind, um den Gesundheitsschutz zu wahren und zu verbessern und die physische und psychische Gesundheit der Arbeitnehmer zu gewährleisten.

Gemäss Wegleitung zu dieser Verordnung muss «der Arbeitgeber (...) dafür sorgen, dass die physische und psychische Integrität des Arbeitnehmers gewahrt bleibt, was auch die Achtung seiner Persönlichkeit einschliesst. (...) Der Arbeitgeber hat diese Forderung nicht nur selbst einzuhalten, sondern hat auch dafür zu sorgen, dass die persönliche Integrität ebenfalls durch die andern Arbeitnehmer und allenfalls durch die Kunden respektiert wird. (...) Der Arbeitgeber ist gehalten, ein Konzept auszuarbeiten, worin Sensibilisierung, Schulung, Information und eine geeignete Organisation die Hauptinstrumente bilden, um Betrieb und Arbeitsklima für alle Arbeitnehmerinnen und Arbeitnehmer von der Gefahr sexueller Belästigung freizuhalten.»[2]

In jedem Kanton gibt es eine Verwaltungsstelle, die für die Einhaltung des Arbeitsgesetzes zuständig ist und in der Regel «Arbeitsinspektorat» heisst. Sie muss, sobald sie eine Klage oder Anzeige wegen Verletzung des Arbeitsgesetzes erhält (wie sie die sexuelle Belästigung darstellt), beim betreffenden Arbeitgeber intervenieren

[2] Wegleitung zur Verordnung 3 zum Arbeitsgesetz, herausgegeben vom Staatssekretariat für Wirtschaft seco, Bern 1999, S. 302.

und ihn an seine gesetzlichen Pflichten erinnern. Wenn dieser den Tatbestand bestreitet, kann das Arbeitsinspektorat eine Untersuchung durchführen, namentlich einen Augenschein am Arbeitsort vornehmen und Zeugenaussagen von jetzigen und allenfalls auch ehemaligen Mitarbeitenden des fraglichen Betriebes einholen. Bestätigen sich in der Untersuchung die Vorwürfe eines Verstosses gegen das Arbeitsgesetz und weigert sich der Arbeitgeber, Massnahmen dagegen zu treffen, kann das Arbeitsinspektorat den Fall bei den Strafverfolgungsbehörden anzeigen; diese können dem fehlbaren Arbeitgeber eine Busse auferlegen.

2.5 Öffentlich-rechtliche Arbeitsverhältnisse

Die Arbeitsverhältnisse der Beamtinnen und Beamten unterstehen nicht dem OR, sondern sind in Spezialgesetzen geregelt: im Bundespersonalgesetz für die Bundesangestellten und in kantonalen Gesetzen für die kantonalen Angestellten.

Ganz allgemein tragen die öffentlichen Arbeitgeber dieselbe Verantwortung für den Schutz der Persönlichkeit der Angestellten wie die privaten. Zum Beispiel heisst es in Artikel 6 Abs. 2 des Bundespersonalgesetzes: «Soweit dieses Gesetz und andere Bundesgesetze nichts Abweichendes bestimmen, gelten für das Arbeitsverhältnis sinngemäss die einschlägigen Bestimmungen des Obligationenrechts.» Und in Artikel 4 Abs. 2: «Die Arbeitgeber (...) treffen geeignete Massnahmen: (...) zum Schutz der Persönlichkeit und der Gesundheit sowie zur Arbeitssicherheit ihres Personals.» Das Eidgenössische Personalamt hat für die Departemente und Ämter ein Instrument zur Verhinderung von sexueller Belästigung am Arbeitsplatz sowie ein Merkblatt für betroffene Personen entwickelt. Im Übrigen gelten die Artikel 4 und 5 GlG bezüglich des Verbots sowie der Rechte der Opfer einer sexuellen Belästigung (insbesondere der Entschädigung) sowohl für den öffentlichen wie auch für den privatwirtschaftlichen Sektor.

Im öffentlich-rechtlichen Arbeitsverhältnis stellt die Kündigung einen Verwaltungsentscheid dar und ist damit durch Rekurs anfechtbar. Erscheint eine solche Kündigung diskriminierend oder missbräuchlich, etwa weil sie einer Arbeitnehmerin gilt, die sich gegen eine sexuelle Belästigung durch einen Vorgesetzten gewehrt oder sich darüber beklagt hat, dann kann dagegen innerhalb von 30 Tagen bei der zuständigen Verwaltungsbehörde Rekurs eingereicht werden.

Die Gesetze, die den Status der Staatsangestellten regeln, enthalten auch detaillierte Bestimmungen über Sanktionsmassnahmen sowie über das Vorgehen zur Sanktionierung von Angestellten, die ihre Dienstpflichten verletzt haben.

Vor einigen Jahren zeigten vier Genfer Beamtinnen den Direktor ihrer Dienststelle wegen sexueller Belästigung an. Es wurde eine Administrativuntersuchung angeordnet. Nach Abschluss des langen Verfahrens entschied der Genfer Staatsrat, den Direktor seines Amtes zu entheben, weil er eine seiner im kantonalen Reglement vorgesehenen Pflichten verletzt hatte, nämlich «mit seinen Vorgesetzten, Kollegen und Untergebenen würdige und korrekte Beziehungen zu pflegen».

Als Beispiel kann hier auch ein Fall erwähnt werden, der sich vor einigen Jahren an der Universität Zürich abgespielt hat: Eine Gruppe von neun Studentinnen und Assistentinnen klagte einen Professor an, der unter dem Vorwand wissenschaftlicher Besprechungen versucht hatte, persönliche Beziehungen zu knüpfen, was die Betroffenen – insbesondere in den Zeiten vor den Examen – als Druckversuche empfanden. Nach Abschluss der Administrativuntersuchung kam das Erziehungsdepartement zum Schluss, der Professor habe die Regeln des Anstands verletzt, und verwarnte ihn. Die Sanktion wurde vom Regierungsrat bestätigt.

Alle welschen und einige deutschschweizer Kantone verfügen zudem über spezielle Bestimmungen und Verfahren für Fälle von sexueller und psychischer Belästigung (Mobbing). So hat der Kanton Genf sein Reglement für das Personal der kantonalen Verwaltung entsprechend ergänzt. In Artikel 2 Abs. 2 heisst es:

> Zum Schutz der Persönlichkeit des Personals, namentlich vor psychischer und sexueller Belästigung, werden Präventions- und Informationsmassnahmen ergriffen.

Im Kanton **Aargau** treffen alle für den Kanton handelnden Stellen die erforderlichen Massnahmen zur Verhinderung von sexueller Belästigung und Mobbing. Die Departemente, die Staatskanzlei, die Justizbehörden und die selbständigen Anstalten bezeichnen je eine interne Anlaufstelle. In einem Merkblatt werden Mitarbeitende über Vorgehensmöglichkeiten informiert.

Im Kanton **Baselland** besteht für die kantonale Verwaltung eine Verordnung über den Schutz der sexuellen Integrität am Arbeitsplatz. Es werden Vertrauenspersonen eingesetzt. Betroffene können aufsichtsrechtliche Anzeigen bei einer beratenden Kommission einreichen, und diese kann dann entsprechende Massnahmen bei den zuständigen Personal- oder Linienvorgesetzten beantragen.

Im Kanton **Basel-Stadt** können Betroffene zwischen dem informellen und dem formellen Beschwerdeverfahren wählen. Das informelle Verfahren gibt der belästigten Person Anspruch auf Beratung und Unterstützung durch Vertrauenspersonen. Beim formellen Verfahren wird eine schriftliche Beschwerde bei der Personalrekurskommission eingereicht. Diese untersucht, fällt aber keine Entscheide, sondern gibt zuhanden der entscheidenden Anstellungsbehörde einen Bericht und Empfehlungen ab. Das Beschwerderecht verjährt nach einem Jahr seit dem Vorfall, sofern nicht die längeren strafgesetzlichen Verjährungsfristen zur Anwendung kommen.

Im Kanton **Bern** gibt es Delegierte, die Klagen wegen sexueller Belästigung entgegennehmen. Ein spezieller Ausschuss zur Bekämpfung der sexuellen Belästigung arbeitet bei der Untersuchung mit und berichtet der zuständigen Aufsichtsbehörde.

Im Kanton **Freiburg** ist die Prävention Aufgabe des Büros für die Gleichstellung von Frau und Mann und für Familienfragen in Zusammenarbeit mit dem Personalamt. Vertrauenspersonen sind für die Schlichtung sowie für die Ermittlung der Fakten zuständig. Kann keine Einigung erzielt werden, leitet die Vertrauensperson auf Verlangen der einen oder anderen Partei ihren Bericht an die anstellende Behörde, die im Fall einer sexuellen Belästigung Massnahmen ergreift, um diese zu stoppen.

Der Kanton **Genf** hat sein Staatspersonalgesetz revidiert und darin ein Verfahren aufgenommen, das bei Verletzung der Persönlichkeit (sexuelle Belästigung oder Mobbing) zum Zuge kommt. Dieses Verfahren sieht vor, dass in Streitfällen, in denen keine gütliche Einigung erzielt werden konnte, auf Antrag des Opfers eine Person ausserhalb der Verwaltung mit der Durchführung einer internen Untersuchung beauftragt werden kann. Der Untersuchungsbericht wird dem Personalamt sowie der klagenden und der beklagten Person zugestellt. Aufgrund der Untersuchungsergebnisse fällt das Personalamt einen Entscheid, gegen den beim Staatsrat Rekurs eingelegt werden kann.

Im Kanton **Graubünden** soll ein internes Merkblatt für alle Mitarbeitenden ausgearbeitet werden, das Kontaktpersonen und Vorgehensweisen enthält. Es wurden zwei Kontaktpersonen ernannt, die zwischen den involvierten Parteien vermitteln und auf Beratungsstellen hinweisen.

Im Kanton **Jura** wurde zum Thema Belästigung ebenfalls eine Gruppe von Vertrauensleuten eingesetzt, die von der Regierung ernannt werden. Sie fungiert als Schlichtungsstelle. Kommt keine Einigung zustande, erstellt die Gruppe einen Bericht und leitet ihn den Parteien sowie dem Personaldienst zu, der der Disziplinarbehörde Vorschläge für allfällige Massnahmen oder Sanktionen unterbreitet.

Der Kanton **Luzern** setzte auf Anfang 2003 das neue Personalrecht in Kraft und erteilt nun dem Regierungsrat die Aufgabe, durch geeignete präventive Massnahmen für den Schutz der Angestellten vor sexueller Belästigung und für die Wahrung ihrer Rechte in Konfliktsituationen zu sorgen.

Im Kanton **Neuenburg** führt in Fällen von Belästigung eine spezielle Gruppe von Vertrauenspersonen das Schlichtungsverfahren durch. Ist keine einvernehmliche Lösung möglich, kann die Gruppe aber keine Untersuchung durchführen. Sie darf lediglich das Dossier den vorgesetzten Behörden weiterleiten.

Im Kanton **Nidwalden** achtet der Arbeitgeber die Persönlichkeit des Personals und trifft die erforderlichen Massnahmen zum Schutz von Leben, Gesundheit und persönlicher Integrität. Es besteht ein internes Verfahren, das mit einem schriftlichen Bericht an die Betroffenen abgeschlossen wird. Während des internen Verfahrens kann die betroffene Person von ihren Pflichten vorübergehend freigestellt werden.

Im Kanton **St. Gallen** stehen dem Staatspersonal bei sexueller Belästigung und Mobbing Vertrauenspersonen zur Verfügung. Betroffene können sich an die Ombudsstelle wenden.

Im Kanton **Waadt** gibt es eine Gruppe mit dem Namen IMPACT (Intervention et Médiation Pour l'Amélioration des Conditions de Travail), die in Fällen von sexueller oder psychischer Belästigung die Vermittlung übernimmt. Ist keine Vermittlung möglich, führt IMPACT eine Untersuchung zur Feststellung der Tatsachen durch. Der Bericht wird der vorgesetzten Behörde zugestellt, die geeignete Massnahmen ergreift.

Im **Wallis** haben die Sozialberatung und das Gleichstellungsbüro den Auftrag, zusammen mit dem Personaldienst Präventionsmassnahmen gegen sexuelle Belästigung und Mobbing zu ergreifen. Die Sozialberatung nimmt die Klagen entgegen und ist für das (freiwillige) Schlichtungsverfahren zuständig. Das Opfer kann seine Klage auch an den Staatsrat richten, der die Eröffnung eines Disziplinarverfahrens anordnet. Die Disziplinarkommission kann alle nötigen Abklärungen zur Feststellung der Fakten vornehmen und berichtet dann dem Staatsrat, der allenfalls angemessene Disziplinarmassnahmen verfügt.

Im Kanton **Zürich** stehen das Personalamt und die Fachstelle für Gleichberechtigungsfragen den von sexueller Belästigung und Mobbing betroffenen Personen als Anlaufstelle beratend und unterstützend zur Verfügung. Sie können mit Beteiligten Gespräche führen. Betroffene können bei der zuständigen Direktion die Einleitung einer Administrativuntersuchung beantragen, und diese entscheidet über die notwendigen Massnahmen.

2.6. Die kantonalen Verfahren zur Anwendung des GlG

Artikel 11 GlG verpflichtet die Kantone, Schlichtungsstellen zu bezeichnen, die die Parteien beraten und ihnen bei der Suche nach einer Einigung behilflich sein sollen. Es steht den Kantonen aber frei, das Schlichtungsverfahren für obligatorisch oder für fakultativ zu erklären. Freiwillig ist das Schlichtungsverfahren in den Kantonen Aargau, Appenzell Ausserrhoden, Bern, Neuenburg, St. Gallen, Solothurn, Uri, Wallis und Zürich, obligatorisch in den Kantonen Appenzell Innerrhoden, Basel-Landschaft, Basel-Stadt, Freiburg, Genf, Glarus, Graubünden, Jura, Luzern, Nidwalden, Obwalden, Schaffhausen, Schwyz, Thurgau, Tessin, Waadt und Zug. Verschiedene Kantone – nämlich Bern, Basel-Landschaft, Basel-Stadt, Freiburg, Genf, Jura, Neuenburg, Schwyz, Tessin und Zürich – haben die Kompetenzen der Schlichtungsstellen auch auf die öffentlich-rechtlichen Arbeitsverhältnisse ausgedehnt. Die Kantone Luzern, Solothurn und Wallis hingegen haben eine eigene Schlichtungsbehörde für die Staatsangestellten eingesetzt.

Die Mitglieder der Schlichtungsstellen werden in der Regel von den kantonalen Exekutiven ernannt. Mehrere Kantone sehen eine paritätische Vertretung von Frauen und Männern in ihren Schlichtungsstellen vor. Zahlreiche Kantone haben auch eine paritätische Vertretung der Sozialpartner festgelegt (nämlich Bern, Freiburg, Genf, Glarus, Jura, Neuenburg und Waadt).

Das Schlichtungsverfahren muss gemäss Artikel 11 Abs. 4 GlG unentgeltlich sein.

Kommt es zu keiner Einigung, haben die Parteien in allen Kantonen drei Monate Zeit, um beim Gericht Klage einzureichen (Art. 11 Abs. 3 GlG).

2.7 Strafrecht

Schliesslich muss noch darauf aufmerksam gemacht werden, dass ein Opfer sexueller Belästigung nicht nur den Arbeitgeber zur Verantwortung ziehen, sondern den Belästiger auch strafrechtlich belangen kann. Je nach Art der Vorfälle kann sexuelle Belästigung unter verschiedene Formen von strafrechtlich relevantem Verhalten fallen, sei es als Verstoss gegen die Freiheit oder gegen die sexuelle Integrität.

Die allgemeinste Form der Verletzung der Freiheit ist die Nötigung, wie sie in Artikel 181 StGB definiert wird:

Artikel 181 StGB

> Wer jemanden durch Gewalt oder Androhung ernstlicher Nachteile oder durch andere Beschränkung seiner Handlungsfreiheit nötigt, etwas zu tun, zu unterlassen oder zu dulden, wird mit Gefängnis oder mit Busse bestraft.

Hier muss jedoch angemerkt werden, dass – sobald es sich bei den unter Nötigung vorgenommenen oder erlittenen Handlungen um Handlungen sexueller Art handelt – nicht mehr die allgemeine Bestimmung von Artikel 181 StGB, sondern die speziellen Bestimmungen über sexuelle Nötigung oder Vergewaltigung zur Anwendung kommen (Art. 189 und 190 StGB), die höhere Strafen für Nötigung vorsehen (bis zu 10 Jahren Haft oder Gefängnis).

Ein anderer Verstoss gegen die Freiheit, der im Falle sexueller Belästigung nicht selten vorliegt, die Drohung, wird in Artikel 180 StGB mit Strafe bedroht:

Artikel 180 StGB

> Wer jemanden durch schwere Drohung in Schrecken oder Angst versetzt, wird, auf Antrag, mit Gefängnis oder mit Busse bestraft.

Da es sich hierbei um ein Vergehen handelt, das nur auf Antrag bestraft wird, und dieser Antrag spätestens drei Monate nach dem Vorfall eingereicht werden muss, können nur Drohungen verfolgt werden, die innerhalb dieser Frist vom Opfer angezeigt werden.

Bei den Verbrechen und Vergehen gegen die sexuelle Integrität gibt es neben der bereits erwähnten sexuellen Nötigung und der Vergewaltigung noch zwei Tatbestände, die im Falle einer sexuellen Belästigung erfüllt sein können. Es handelt sich um die Ausnützung einer Notlage (Art. 193 StGB) und um Übertretungen gegen die sexuelle Integrität, eine Bestimmung, die speziell auf sexuelle Belästigung zugeschnitten ist (Art. 198 StGB).

Artikel 193 StGB

> Wer eine Person veranlasst, eine sexuelle Handlung vorzunehmen oder zu dulden, indem er eine Notlage oder eine durch ein Arbeitsverhältnis oder eine in anderer Weise begründete Abhängigkeit ausnützt, wird mit Gefängnis bestraft.

Artikel 198 StGB

> Wer jemanden tätlich oder in grober Weise durch Worte sexuell belästigt, wird, auf Antrag, mit Haft oder Busse bestraft.

Auch beim letzten Artikel (Art. 198) muss darauf hingewiesen werden, dass diese Übertretung – genau wie die Drohung (Art. 180, siehe oben) – nur auf Antrag des Opfers verfolgt wird. Wichtig ist, dass der Arbeitgeber die in seinem Betrieb nötigen Massnahmen ergreifen muss, auch wenn vom Opfer kein Strafverfahren angestrengt wurde und auch wenn dieses allenfalls von den Strafverfolgungsbehörden eingestellt wird. Die Verantwortung des Arbeitgebers besteht nämlich unabhängig von der Strafverfolgung und funktioniert nach andern Regeln als diese. So lässt sich etwa die Unschuldsvermutung, die im Strafrecht gilt und wonach keine Person, deren Schuld nicht bewiesen ist, verurteilt werden darf, nicht einfach auf das innerbetriebliche Verfahren übertragen. Ein Arbeitgeber hat durchaus das Recht und sogar die Pflicht, einen der sexuellen Belästigung beschuldigten Mitarbeiter zu versetzen, zu bestrafen oder zu entlassen, auch wenn dessen Schuld nicht bewiesen werden konnte. Der Arbeitgeber darf auch nicht untätig den Ausgang eines Strafverfahrens abwarten. Das Opfer hat das Recht, strafrechtlich zu klagen, es darf aber in keiner Weise dazu gezwungen werden. Ein Strafverfahren kann lange dauern, und in dieser Zeit besteht die Gefahr, dass sich die Arbeitsbeziehungen massiv verschlechtern. Daher muss der Arbeitgeber aktiv werden und Massnahmen treffen und darf nicht auf das Gerichtsurteil warten. Schliesslich bedeutet auch eine Einstellung des Verfahrens, die wegen der schwierigen Beweisführung nicht selten vorkommt, nicht, dass die Klage unbegründet war. Erwartet ein Arbeitgeber daher einen solchen Ausgang, sollte er trotzdem die nötigen internen Massnahmen ergreifen.

II Der Sonderfall der internationalen Organisationen

Die Schweiz und namentlich Genf beherbergen zahlreiche internationale Organisationen, doch der Status ihrer Angestellten richtet sich, was die arbeitsvertraglichen Ansprüche betrifft, nicht nach dem Schweizer Recht, weder nach dem öffentlichen noch nach dem Privatrecht.

Jede Organisation hat ihr eigenes Reglement. Die Vereinten Nationen (UNO) haben im Februar 1994 eine Broschüre zur sexuellen Belästigung veröffentlicht, die alle Unterorganisationen (ILO, UNHCR, UNESCO usw.) mit einschliesst. Darin finden sich die wichtigsten Punkte der unter der Ägide der Mutterorganisation eingeleiteten Politik zur Bekämpfung der sexuellen Belästigung. In erster Linie sind es Präventionsmassnahmen in Form von Informationskampagnen, dann aber auch interne Strafmassnahmen: Ernennung von Ansprechpersonen, Regeln für Anzeige- und Sanktionsverfahren. Das Vorgehen ist demjenigen in der Schweizer Bundesverwaltung recht ähnlich.

Da die Schaffung eines einheitlichen Gerichts für alle Vertragsstreitigkeiten internationaler Funktionäre scheiterte, ist nun das Verwaltungsgericht der Internationalen Arbeitsorganisation (ILO) nicht nur für die ILO, sondern auch für zahlreiche andere internationale Organisationen zuständig, so etwa auch für die WHO. Hier zwei Beispiele aus seiner Rechtsprechung:

Im Fall Mussnig wurde die Klägerin, eine Deutsche, von der WHO im Rahmen eines Programms zur Aids-Bekämpfung nach Luanda geschickt. Der örtliche Programmleiter begann, nachdem er bei ihr abgeblitzt war, ihre Arbeit zu sabotieren. Schliesslich erhielt sie von der WHO den Bescheid, ihr Anstellungsverhältnis sei beendet. Trotz der Vorwürfe der Klägerin gegen den Programmleiter wurde dieser gar nicht befragt. Am 13. Juli 1994 verurteilte das ILO-Verwaltungsgericht die WHO dazu, die Klägerin wieder einzustellen und ihr ausserdem Fr. 25'000.– als Entschädigung, Schadenersatz und Genugtuung zu bezahlen. (Urteil 1376)
In der Folge dieses Urteils erhielt auch der Programmleiter, der von der WHO nie über das Verfahren informiert worden war und sich daher auch nicht verteidigen konnte, von der WHO eine Genugtuung. Das Gericht war der Meinung, dass der Arbeitgeber bei sexueller Belästigung nicht nur die Interessen der Klägerin schützen, sondern dem Angeklagten auch Gelegenheit zur Verteidigung und zum Beweis seiner Unschuld geben müsse. (Urteil 1619)

Sieben brasilianische Angestellte des ILO-Büros in Brasilia beklagten sich beim Direktor der ILO wegen sexueller Belästigung durch ihren Vorgesetzten und machten eine Verletzung insbesondere des Rundschreibens der ILO vom 2. November 1995 geltend, das ein Arbeitsumfeld frei von jeder sexuellen Belästigung garantieren sollte. Da ihre Forderungen, namentlich nach finanzieller Entschädigung, nicht erfüllt wurden, reichten sie beim ILO-Verwaltungsgericht Rekurs ein. Dieses verurteilte den Arbeitgeber, also die ILO, am 30. Januar 1997 dazu, jeder Klägerin 10'000 Dollar als Schadenersatz und Genugtuung zu zahlen. Die Organisation hatte übrigens gegen den fehlbaren Vorgesetzten Disziplinarmassnahmen eingeleitet. In diesem Urteil bestätigt das Gericht die Verantwortung des Arbeitgebers für den von einer/einem seiner Angestellten in Ausübung seiner Arbeit verursachten Schaden. Selbstverständlich haftet der Arbeitgeber nicht für Fehler, die seine Angestellten ausserhalb der Arbeit begehen, sehr wohl hingegen, wenn es gerade die Arbeitsbeziehung ist, die ihnen das fehlbare Verhalten ermöglicht. (Urteil 1609)

Was Unternehmensleitungen wissen müssen

3

Dieses Kapitel handelt vor allem von der Notwendigkeit und der Verpflichtung der Betriebe und Unternehmen, Massnahmen zur Prävention und Beseitigung sexueller Belästigung zu ergreifen. Wir empfehlen, ein detailliertes Reglement auszuarbeiten und parallel dazu weitere Massnahmen zu ergreifen, wie die Information, die Sensibilisierung und die Weiterbildung der Mitarbeiterinnen und Mitarbeiter sowie die Schaffung von Arbeitsbedingungen, die ein belästigungsfreies Klima fördern. Ein Unterkapitel richtet sich speziell an Firmen, die Temporärarbeit vermitteln, und macht sie auf ihre Verantwortung gegenüber den vermittelten Arbeitnehmerinnen und Arbeitnehmern aufmerksam.

3.1 Die Verantwortung der Unternehmen

Seit dem 1. Juli 1996 ist das Bundesgesetz über die Gleichstellung von Frau und Mann (GlG) in Kraft. Es legt besonderes Gewicht auf die Pflicht der Arbeitgebenden, sexueller Belästigung am Arbeitsplatz vorzubeugen. Die Verantwortlichen eines Unternehmens sind gesetzlich verpflichtet, alles Notwenige vorzukehren, damit solche Persönlichkeitsverletzungen in ihrem Betrieb nicht vorkommen. Vorgesetzte müssen sich um ein Arbeitsklima bemühen, in dem die physische, psychische und sexuelle Integrität sämtlicher Mitarbeiterinnen und Mitarbeiter respektiert wird. Sie müssen auch dafür sorgen, dass allfällige Belästigungen gestoppt werden. Um dies zu erreichen, müssen sie alle Möglichkeiten ausschöpfen, unabhängig davon, ob eine Klage eingereicht wurde oder nicht. Nichtwissen entbindet nicht von der Verantwortung.

Eine Direktionssekretärin wurde während vier Jahren von ihrem direkten Vorgesetzen betatscht, und dieser versuchte auch immer wieder, sie zu umarmen und zu küssen. In einem Wochenendseminar musste sie eine noch eindeutigere Avance zurückweisen. Erst danach beschwerte sie sich beim Direktor. Wegen einer Depression wurde sie für unbestimmte Zeit krankgeschrieben. Nach Ablauf des Kündigungsschutzes, in diesem Fall nach sechs Monaten gemäss Artikel 336c OR, entliess sie der Arbeitgeber aus wirtschaftlichen Gründen. Das Genfer Arbeitsgericht erachtete die Kündigung als missbräuchlich, denn der Arbeitgeber sei für die durch einen seiner Angestellten ausgeübte sexuelle Belästigung verantwortlich, auch wenn er zunächst nichts davon gewusst habe. Da er für die Belästigung rechtlich haftbar war, konnte er für die Kündigung nicht die Krankheit der Mitarbeiterin geltend machen, ohne Rechtsmissbrauch zu betreiben. Daher handelte es sich um eine missbräuchliche Kündigung nach Art. 336 OR, und der Arbeitgeber musste sowohl Schadenersatz wie auch eine Entschädigung (nach Art. 336a OR) in der Höhe von Fr. 15'000.– bezahlen (JAR 1992, S. 166 ff.).

3.2 Eine Unternehmenspolitik ist wichtig

Um sexuelle Belästigung zu verhindern, braucht es in erster Linie eine entsprechende interne Unternehmenspolitik sowie die Sensibilisierung aller Mitarbeiterinnen und Mitarbeiter, insbesondere der Vorgesetzten. Die interne Politik verfolgt zwei Ziele: Einerseits soll ein Arbeitsklima geschaffen werden, das der sexuellen Belästigung keinen Raum lässt; anderseits soll das Problem, wenn es trotzdem auftritt, rasch gestoppt werden.

Dank der Sensibilisierung können die Angestellten zum einen erkennen, wann ihr Verhalten als sexuelle Belästigung empfunden werden könnte. Auf der andern Seite können sich Mitarbeiterinnen und Mitarbeiter bei entsprechenden Vorkommnissen auf die Unternehmenspolitik berufen. Das klare Verbot der sexuellen Belästigung in einem Reglement wirkt überdies der Tatsache entgegen, dass viele Mitarbeitende und auch Vorgesetzte Belästigung noch immer nicht als etwas Unrechtes wahrnehmen – eine Haltung, von der Belästiger natürlich sehr profitieren.

Unternehmen sind ständig bemüht, Qualität und Leistungsfähigkeit zu verbessern. Dazu gehört auch die Verhinderung von sexueller Belästigung am Arbeitsplatz. Denn sexuelle Belästigung kommt die Unternehmen teuer zu stehen (siehe *1.7 Finanzielle Kosten für Unternehmen und Staat*).

Auch heute noch schweigen viele Opfer oder äussern sich erst dann, wenn sie nichts mehr zu verlieren haben (wenn sie entlassen wurden, selbst gekündigt haben oder krank geworden sind). Nicht selten dauert es zu lange, bis der Arbeitgeber Massnahmen ergreift, so dass das Opfer, auch wenn die Belästigung schliesslich aufhört, nicht mehr arbeitsfähig ist, weil der angerichtete Schaden bereits zu gross ist. Solche Situationen entstehen vor allem dann, wenn im Unternehmen eine Politik zu sexueller Belästigung fehlt oder zu zaghaft ist. Die Opfer haben erst in wenigen Betrieben ein festgeschriebenes Recht, Beschwerde einzureichen. Daher ist es unabdingbar, dass die Arbeitgeberinnen und Arbeitgeber Präventionsmassnahmen ergreifen und für Beschwerden ein internes Verfahren festlegen. Damit können Störungen im Arbeitsprozess teilweise verhindert und kann jeder Arbeitnehmerin und jedem Arbeitnehmer das Recht auf eine würdige Arbeitssituation garantiert werden. Das kanadische Arbeitsgesetz beispielsweise legt bereits seit 1983 fest, dass jeder Arbeitgeber eine Grundsatzerklärung zur sexuellen Belästigung abgeben, sie den Angestellten zur Kenntnis bringen sowie disziplinarische Massnahmen für konkrete Vorkommnisse vorsehen muss.

3.3 Das Reglement

Ein Reglement dient dazu, der sexuellen Belästigung vorzubeugen, Vorfälle zu verhindern und festzulegen, wie mit allfälligen trotzdem auftretenden Problemen umzugehen ist. Es genügt also nicht, sexuelle Belästigung einfach zu verbieten, es müssen auch das Beschwerdeverfahren geregelt und Instrumente zur Konfliktlösung vorgesehen werden. Bestimmungen zur Prävention und zur Schulung des Personals gehören ebenfalls dazu. Ein Reglement soll mindestens eine Grundsatzerklärung, eine Definition der sexuellen Belästigung, das Beschwerdeverfahren und wann es zur Anwendung kommt sowie die zu ergreifenden Sanktionen enthalten.[1] Ist ein Betrieb zu klein, um ein solches Reglement zu erlassen, sollten entsprechende Bestimmungen in die Arbeitsverträge aufgenommen werden. Die Empfehlungen des Schweizerischen Arbeitgeberverbands zum Bundesgesetz über die Gleichstellung[2] sind in diesem Punkt sehr eindeutig. Sie betonen, dass Verhaltensweisen, die als sexuelle Belästigung eingestuft werden können, vom Arbeitgeber nicht toleriert werden dürfen. Das gesamte Personal muss mittels Reglementen, Rundschreiben oder Handbüchern umfassend orientiert werden. Das Schwergewicht wird auf die Sensibilisierungs- und Aufklärungsarbeit gelegt, die nötig ist, damit Beschwerden angemessen behandelt werden. Der Arbeitgeberverband kommt zu folgendem Schluss: «Um den Anforderungen des Gleichstellungsgesetzes zu genügen, hat der Arbeitgeber also in erster Linie dafür zu sorgen, dass ein Klima herrscht, in dem sexuelle Belästigung gar nicht erst aufkommen kann. Kommt es trotzdem dazu, müssen alle Beteiligten wissen, wie vorzugehen ist, und der Arbeitgeber muss gegenüber dem Belästiger Konsequenzen ziehen, die von einem schriftlichen Verweis bis zu einer fristlosen Entlassung reichen können.»[3]

3.3.1 Die Grundsatzerklärung

Die Unternehmensleitung muss das Personal darüber informieren, dass sexuelle Belästigung im Betrieb nicht toleriert wird, dass Gegenmassnahmen ergriffen und gegen die Täter Sanktionen ausgesprochen werden. Diese Erklärung ist wichtig, weil damit einerseits das Vertrauen potenzieller Opfer erhöht wird und diese das Recht bekommen, Beschwerde einzureichen – der Täter kann also nicht mehr mit der Verschwiegenheit seines Opfers rechnen. Anderseits wird potenziellen Belästigern signalisiert, dass ihr Verhalten nicht akzeptiert wird.

3.3.2 Die Definition

Im zweiten Kapitel wurde die gesetzliche Definition von sexueller Belästigung vorgestellt. Sexuelle Belästigung wird oft mit Anmache verwechselt und daher nicht als Angriff auf die persönliche Integrität verstanden. Daher ist es notwendig, im Reglement sexuelle Belästigung als Angriff auf die Persönlichkeit zu definieren, der ein feindseliges Arbeitsklima schaffen, die Anstellung einer Person ge-

1 Im Anhang 2 findet sich ein Musterreglement, das bei der Formulierung einer Unternehmensstrategie gegen sexuelle Belästigung hilfreich sein kann.
2 Tips für Arbeitgeber Nr. 23: Das Gleichstellungsgesetz vom 24. März 1995. O. Jg.
3 Ibid, S. 7.

fährden und ihre körperliche und psychische Gesundheit schwer beeinträchtigen kann. Zur Verdeutlichung können Beispiele sexueller Belästigung angeführt werden (siehe *1.1.2 Soziologische Definition*).

3.3.3 Geltungsbereich des Reglements

Da für verschiedene Anstellungsformen unterschiedliche Anstellungsbedingungen gelten können, muss der Geltungsbereich des Reglements festgelegt werden. Im Allgemeinen gilt ein Reglement für alle Mitarbeiterinnen und Mitarbeiter, doch kann es Personengruppen geben, die davon nicht betroffen sind, wie etwa die Studierenden an den Universitäten und die Schülerinnen und Schüler an Schulen, die ja keinen Arbeitsvertrag mit der Institution haben. Trotzdem kann der Arbeitgeber für diese Personengruppen spezielle Massnahmen vorsehen, auch wenn das Gesetz ihn nicht dazu verpflichtet. Hingegen ist der Arbeitgeber in jedem Fall verantwortlich für Belästigungen, die gegenüber seinen Angestellten begangen werden, auch wenn sie von Personen ausgehen, die nicht dem Betrieb angehören (z.B. Kunden, Lieferanten oder Berater). Für diesen Fall muss der Arbeitgeber von Gesetzes wegen Bestimmungen zum Schutz seiner Mitarbeiterinnen und Mitarbeiter erlassen. Er muss aussenstehende Personen darauf aufmerksam machen, dass sexuelle Belästigung nicht toleriert wird und dass solche Handlungen jede weitere Zusammenarbeit gefährden.

3.3.4 Gesetzliche Bestimmungen

Neben dem internen Verfahren sollte das Reglement auf die geltenden gesetzlichen Bestimmungen des Schweizer Rechts und auf die für solche Fälle zuständigen Instanzen verweisen, an die sich die Opfer wenden können. Sie haben die Möglichkeit, direkt – also ohne betriebsinterne Beschwerde – ans Gericht zu gelangen. In manchen Fällen – insbesondere wenn der Belästiger Mitglied der Unternehmensleitung ist – ist es tatsächlich besser, sich direkt an eine betriebsexterne Instanz oder an das zuständige Gericht zu wenden (siehe *Kapitel 2: Sexuelle Belästigung ist gesetzlich verboten*).

3.3.5 Rechte und Pflichten der Mitarbeiterinnen und Mitarbeiter

Im Rahmen des Arbeitsverhältnisses haben die Mitarbeiterinnen und Mitarbeiter Rechte und Pflichten, auch bezüglich sexueller Belästigung. Im Reglement sollte etwa festgehalten werden, dass alle Angestellten das Recht auf Gleichbehandlung und Respekt haben, aber auch die Pflicht, sich gegenüber Kolleginnen und Kollegen sowie externen Personen so zu verhalten, dass individuelle Unterschiede respektiert werden.

Die Angestellten sollten ermuntert werden, gegenüber der belästigenden Person Stellung zu beziehen. Hören die Belästigungen nicht auf oder ist eine Reaktion im konkreten Fall nicht möglich, muss die belästigte Person ein Gespräch mit einer vom Betrieb bestimmten Ansprechperson verlangen oder direkt eine Beschwerde bei der zuständigen Stelle einreichen können (siehe *3.3.6 Das Be-*

schwerdeverfahren). Man kann auch allfällige Zeuginnen und Zeugen dazu auffordern, beim Belästiger zu intervenieren und ihm klarzumachen, dass sein Verhalten unangebracht ist, und man kann sie ermuntern, die Opfer zu unterstützen. Auch Zeuginnen und Zeugen sollten sich an die Ansprechperson oder an eine vorgesetzte Person wenden können, um sie über den Konflikt zu informieren und sich beraten zu lassen. Bei einer allfälligen Untersuchung muss das gesamte Personal mit der Untersuchungsinstanz kooperieren.

3.3.6 Das Beschwerdeverfahren

Das Beschwerdeverfahren regelt, an welche Stelle sich das Opfer wenden kann, um der Belästigung ein Ende setzen zu lassen. Sehr oft brauchen die Opfer eine Vertrauensperson, die sie anhört, berät und informiert, um das, was abläuft, verstehen zu können und um zu erkennen, wie sie der Belästigung begegnen können. Aus diesem Grund ist es wünschenswert, eine Person oder eine Gruppe von Personen zu bezeichnen, die die Opfer unterstützen. Damit erübrigt sich jedoch ein formelles Beschwerdeverfahren in keiner Weise.

3.3.6.1 Informelles Verfahren

Ein informelles Verfahren führt im Prinzip nicht zu einem Untersuchungsbericht. Die betroffene Person sollte die direkt vorgesetzte Person oder ein anderes Kadermitglied um Rat fragen können. Sie muss sich auch Hilfe bei einer vom Betrieb ausdrücklich bestimmten Ansprechperson holen können. Diese Person berät mit ihr, welches Vorgehen zu wählen ist. Sie hat verschiedene Möglichkeiten: Sie kann die Ratsuchende darin unterstützen, dem Belästiger selber gegenüberzutreten und von ihm zu verlangen, mit der Belästigung aufzuhören. Sie kann auch direkt mit dem Belästiger ein Gespräch führen. Wenn all diese Mittel ungeeignet sind oder nicht zu einer Lösung des Problems führen, kann die Vertrauensperson, immer im Einverständnis mit der Rat suchenden Person, die Beschwerde an die Unternehmensleitung weiterleiten.

3.3.6.2 Mediation

Manche Unternehmen bedienen sich der Mediation, um Probleme mit sexueller Belästigung zu lösen. Mediation hat zum Ziel, die beteiligten Parteien an einen Tisch zu bringen und ein Gespräch zu ermöglichen, den Konflikt beizulegen, eine Aussprache über das Geschehene zu führen und in gegenseitigem Einverständnis eine für beide Seiten akzeptable Übereinkunft auszuarbeiten. Der Mediator bzw. die Mediatorin muss Gewähr bieten für Unparteilichkeit und Vertraulichkeit und dafür sorgen, dass das Gespräch unter optimalen Bedingungen stattfindet. In manchen Betrieben sind die MediatorInnen leider nicht entsprechend ausgebildet, was gelegentlich zur Folge hat, dass die Mediation ihren Zweck verfehlt. Mediation kann nur dann eingesetzt werden, wenn beide Seiten damit einverstanden sind. Ausserdem müssen die Beteiligten die für die Mediation ausgewählte Person akzeptieren. Niemand kann zur Mediation gezwungen werden. Auf jeden Fall sollte sie nur von Personen durchgeführt werden, die dafür eine anerkannte Ausbildung[4] abgeschlossen haben, und zwar sowohl in Konfliktmediation als auch im Umgang mit sexueller Belästigung.

Mediation kann gute Erfolge erzielen, sofern beide Seiten an der Lösungsfindung interessiert sind. Bei sexueller Belästigung ist die beschuldigte Person allerdings selten bereit, sich zu einer Diskussion an einen Tisch mit dem Opfer zu setzen. Dieses wiederum – verunsichert durch die Vorfälle – fühlt sich nicht immer in der Lage, dem Peiniger gegenüberzutreten. Wenn sich eine Seite der Konfrontation nicht gewachsen fühlt, kann dieses Vorgehen also nicht zum Zug kommen.

Die Unternehmensleitung muss sich zudem bewusst sein, dass mit dieser Methode die Verantwortung lediglich für die Konfliktlösung an die Mediatorin, den Mediator delegiert wird. Ihrer Verpflichtung zu Präventions- und Sanktionsmassnahmen können sie sich nicht mit dem Hinweis auf die Vertraulichkeit der Mediation entziehen. Mediation sollte auf keinen Fall zur Anwendung kommen, wenn die angezeigten Vorfälle gravierend sind und das Opfer in Gefahr ist. In solchen Fällen müssen die Täter bestraft werden.

3.3.6.3 Formelle Beschwerde

In den meisten Fällen sexueller Belästigung können die Probleme nicht einvernehmlich gelöst werden. Es braucht sehr oft ein Eingreifen der Vorgesetzten, weil die Situation schon so verfahren ist, dass es dem Opfer unmöglich ist, weiter mit dem Belästiger zusammenzuarbeiten, auch dann, wenn die Belästigung aufhört. Daher ist es ganz wichtig, ein Untersuchungsverfahren zur Feststellung der Tatsachen und Verantwortlichkeiten vorzusehen, damit Korrekturmassnahmen und eine Bestrafung der Schuldigen eingeleitet werden können. Das informelle Verfahren ist keine notwendige Vorstufe zur Einreichung einer formellen Beschwerde. In der Untersuchungsphase werden möglichst rasch die beteiligten Parteien und allfällige Zeuginnen und Zeugen angehört; dann wird ein Bericht zuhanden der Unternehmensleitung erstellt, und es werden Empfehlungen für die Lösung des Konflikts abgegeben.

Nachdem eine Beschwerde eingereicht wurde, kann sich das Arbeitsklima schnell verschlechtern. Oft macht die angeschuldigte Person der Beschwerde führenden Person mit besonderer Pingeligkeit und Vergeltungsmassnahmen das Leben am Arbeitsplatz schwer und/oder drängt sie, die Beschwerde zurückzuziehen. Zudem solidarisieren sich die Mitarbeiterinnen und Mitarbeiter nicht selten mit der angeschuldigten Person, insbesondere wenn es sich um einen Vor-

---

[4] Siehe dazu das Verzeichnis von Mediationsfachleuten auf www.infomediation.ch, der Website des Schweizerischen Dachverbandes Mediation SDM-FSM.

gesetzten handelt (Solidarität mit den Stärkeren), was natürlich die Atmosphäre weiter vergiftet und die Beschwerde führende Person ausgrenzt. Um zu vermeiden, dass die Untersuchung verfälscht und die Beschwerdeführerin von vornherein bestraft wird, kann eine provisorische Freistellung der beschuldigten Person unumgänglich werden.[5] Um Druckversuche und eine Verschlechterung des Arbeitsklimas zu verhindern, sollte man sich – insbesondere in der Untersuchungsphase – vergewissern, dass die Kolleginnen und Kollegen keinen Druck auf das Opfer ausüben.

3.3.7 Auswahl und Kompetenzen der Beschwerdeinstanzen

Die Personen, die Angestellte bei sexueller Belästigung beraten, informieren und unterstützen sollen, können Mitarbeiterinnen und Mitarbeiter aus dem Unternehmen selbst sein, sofern der Betrieb über die nötigen Ressourcen verfügt, um sie für diese Aufgabe auszubilden und freizustellen. Eine andere Möglichkeit ist, die Dienste einer externen Beraterin oder eines Beraters mit besonderen Fachkenntnissen in diesem Bereich in Anspruch zu nehmen (siehe *Kapitel 5: Was Personen, die Opfer sexueller Belästigung beraten und unterstützen, wissen müssen*).

Wenn der Sachverhalt nicht einwandfrei feststeht, muss unbedingt eine Untersuchung durchgeführt werden. Die Unternehmensleitung sollte eine geeignete externe Stelle wie etwa das kantonale Arbeitsinspektorat oder eine Beraterin damit beauftragen. Die mit der Untersuchung beauftragte Person wird die Beschwerde führende Person, die angeschuldigte Person und allfällige Zeuginnen und Zeugen anhören und aufgrund dieser Aussagen einen Bericht an die Unternehmensleitung verfassen, worin sie auch sinnvolle Massnahmen zur Beilegung des Konflikts vorschlägt (siehe *Kapitel 6: Was Personen, die Beschwerden untersuchen, beachten müssen*).

3.3.8 Rechte der Parteien

Die Beschwerde führenden und die beschuldigten Personen müssen über dieselben Rechte verfügen: Recht auf Akteneinsicht, Möglichkeit, sich von einer Person ihrer Wahl begleiten zu lassen, sowie Rekursrecht.

3.3.8.1 Die Rechte der Beschwerde führenden Partei

Angestellte, die sexuell belästigt werden, müssen sich frei genug fühlen, um eine Beschwerde einzureichen. Sie sollten über folgende Rechte verfügen:

- das Recht auf Einreichung einer Beschwerde und die Gewähr, dass diese rasch geprüft wird und sie keine Vergeltungsmassnahmen befürchten muss;
- das Recht, sich im ganzen Verfahren von einer Person ihrer Wahl begleiten zu lassen;

[5] Siehe dazu Artikel 12 des Gesetzesentwurfs PL7026 über Persönlichkeitsschutz und insbesondere über sexuelle Belästigung im öffentlichen Dienst, eingereicht im Genfer Grossen Rat am 24. August 1993.

- die Gewissheit, dass die Beschwerde in ihrer Personalakte nicht erwähnt wird, sofern sie in gutem Glauben eingereicht wurde;
- das Recht, über den Verlauf des Beschwerdeverfahrens informiert zu werden;
- das Recht auf Akteneinsicht;
- das Recht, über die Massnahmen informiert zu werden, die auf Grund der Beschwerde ergriffen werden (Sanktionierung des Täters, Verbesserung des Arbeitsklimas);
- das Recht auf Entschädigung, wenn sich die Beschwerde als berechtigt erweist.

3.3.8.2 Die Rechte der beschuldigten Partei

Die Person, gegen die Beschwerde erhoben wird, ist verpflichtet, bei der Untersuchung mitzumachen und ihre Sicht der Dinge darzulegen. Sie soll aber auch über die folgenden Rechte verfügen:

- das Recht, über die Beschwerde informiert zu werden;
- das Recht, den offiziellen Beschwerdetext zu erhalten und dazu Stellung zu nehmen;
- das Recht, sich während des Verfahrens von einer Person eigener Wahl begleiten zu lassen;
- das Recht, über den Verlauf des Verfahrens informiert zu werden;
- das Recht auf Akteneinsicht;
- das Recht, über die Massnahmen informiert zu werden, die aufgrund der Beschwerde ergriffen werden (Sanktionierung des Täters, Verbesserung des Arbeitsklimas).

Erweist sich die Beschwerde als berechtigt, muss der Täter entsprechend dem Schweregrad seiner Verfehlungen bestraft werden. Er muss sich ausserdem bemühen, sein Verhalten zu ändern, und sich beim Opfer entschuldigen.

3.3.9 Der Entscheidungsprozess

Nachdem der Bericht erstellt ist, fällt die Unternehmensleitung einen Entscheid. Sie befindet über den Konflikt und leitet die nötigen Massnahmen ein. Dabei kann es sich um die Zahlung einer Entschädigung an das Opfer, die Bestrafung des Täters und um Massnahmen zur Wiederherstellung eines angenehmen Arbeitsklimas handeln.

3.3.9.1 Der Entscheid

Sobald der Untersuchungsberichts vorliegt, muss die Unternehmensleitung einen Entscheid fällen. Darin fasst sie die Ergebnisse des Berichts zusammen und legt fest, wie die Wiedergutmachung für das Opfer und die Sanktionen gegen den Täter aussehen und welche weiteren Massnahmen sie zur Beseitigung von sexueller Belästigung und zur Verhinderung eines gestörten Arbeitsklimas ergreifen will.

Die Unternehmensleitung muss die Parteien rasch über den Inhalt ihres Entscheids informieren (im Idealfall innerhalb von ein bis zwei Wochen nach Vorliegen des Untersuchungsberichts). Die Änderungen am Arbeitsplatz sollten spätestens eine Woche, nachdem die beteiligten Parteien über den Entscheid informiert wurden, erfolgen.

Die Unternehmensleitung muss sich nach der Lösung des Konflikts vergewissern, dass die Beschwerdeführerin nicht Repressalien von Seiten des Täters oder anderer Angestellter ausgesetzt ist (auch 6 Monate/ein Jahr danach).

3.3.9.2 Wiedergutmachung

Die belästigte Person hat Anspruch auf Wiedergutmachung durch das Unternehmen, die sich nach dem Schweregrad der Tat und dem erlittenen Schaden richtet. Das können sein:

- mündliche oder besser schriftliche Entschuldigung des Täters und des Unternehmens;
- Rückvergütung oder Ersatz des Lohnausfalls;
- Nachholen der verweigerten Beförderung oder Anstellung;
- Rückgängigmachen einer allfälligen Versetzung;
- Streichung von negativen Leistungsbeurteilungen und Bemerkungen in der Personalakte des Opfers, die im Verlauf der Belästigung oder des Verfahrens gemacht wurden;
- Zusicherung der Unternehmensleitung, dass das Opfer nicht gegen seinen Willen versetzt wird;
- Entschädigung für den allfälligen Verlust von Vergünstigungen im Zusammenhang mit der Anstellung;
- Zahlung einer Genugtuung;
- Zahlung von Schadenersatz (z.B. Kosten für Therapie)
- Wiedergutmachung in Form von erleichtertem Zugang zu Aus- und Weiterbildung;
- finanzielle Beteiligung an den Kosten für ein Selbstverteidigungs- oder Selbstbehauptungstraining.

3.3.9.3 Sanktionen gegen den Täter

Wenn die Beschwerde begründet war und der Sachverhalt geklärt ist, werden die begangenen Taten und die disziplinarischen Massnahmen in der Personalakte des Täters festgehalten. Die Unternehmensleitung verhängt gegen den Täter Disziplinarmassnahmen, die dem Schweregrad seiner Verfehlungen entsprechen. Das können sein:

- Verpflichtung zur schriftlichen oder mündlichen Entschuldigung beim Opfer;
- schriftliche oder mündliche Rüge;
- Verwarnung mit Kündigungsdrohung;
- Busse;
- Suspendierung mit oder ohne Lohn;
- Versetzung, wenn eine weitere Zusammenarbeit der beteiligten Personen nicht ratsam erscheint;
- Zurückstufung;
- Entlassung;
- fristlose Kündigung.

Der technische Direktor eines Genfer Unternehmens versuchte, eine seiner Mitarbeiterinnen, mit der er ausserberuflich Kontakt hatte, am Arbeitsplatz zu umarmen. Diese wehrte sich, indem sie ihm den Finger verdrehte. Er wurde wütend und versetzte ihr einen Faustschlag. Der Direktor wurde auf Grund von Artikel 123 Abs. 1 und Art. 198 Abs. 2 des Schweizer Strafgesetzbuches zu einer Busse von Fr. 500.– verurteilt. Ausserdem wurde er fristlos entlassen. Das Gericht stellte die Rechtmässigkeit der Entlassung fest und bestätigte damit, dass sich ein Arbeitgeber sofort von einem Angestellten, der der sexuellen Belästigung für schuldig befunden wurde, trennen darf, weil er zum Schutz der Persönlichkeit all seiner Angestellten verpflichtet ist. (Urteil des Genfer Arbeitsgerichts vom 3. Mai 1994, Nr. IX/807/93)

Die Sanktionen sollten härter sein, wenn der Täter ein Vorgesetzter ist, denn als solcher hat er die Aufgabe, für ein belästigungsfreies Arbeitsklima zu sorgen.

Im Übrigen wird empfohlen, die beschuldigte Person in einen Kurs zur Sensibilisierung für das Problem der sexuellen Belästigung zu schicken. Wenn der Sachverhalt in der Untersuchung nicht geklärt werden kann, dürfen in die Personalakte der beschuldigten Person keine Unterlagen über die Beschwerde aufgenommen werden.

3.3.9.4 Korrekturmassnahmen

Zunächst muss die Unternehmensleitung sicherstellen, dass die Belästigung aufgehört hat, und wenn dies nicht der Fall ist, alle Massnahmen ergreifen, um diese zu stoppen. Eine Belästigungssituation kann die Arbeit einer ganzen Abteilung stören. Schon aus diesem Grund wird sich die Unternehmensleitung für die Wiederherstellung eines Klimas des Vertrauens stark machen. Sie teilt ihre Entscheidung zuerst den beiden Parteien mit, danach informiert sie die übrigen Angestellten über die Massnahmen, die sie direkt betreffen. Schliesslich sollte sie dafür sorgen, dass die Mitarbeiterinnen und Mitarbeiter die Einzelheiten eines allfälligen Entscheides respektieren.

3.3.9.5 Schutz der Beschwerde führenden Person und der ZeugInnen: Verbot von Vergeltungsmassnahmen

Personen, die eine Beschwerde einreichen, werden oft als Störenfriede erlebt. Sie decken sexuelle Belästigungen auf, die bis anhin unbemerkt und unbestraft blieben, ja manchmal sogar vom Umfeld und von den Vorgesetzten toleriert wurden.

Die Folgen sind oft schwer wiegend, und die belästigte Person kann in der Regel ihre berufliche Beziehung zum Täter nicht weiterführen, auch wenn dieser bestraft wurde. So ist es verständlich, dass viele Frauen lieber kündigen, sogar ohne ihre Vorgesetzten über die Vorfälle zu informieren. Es kommt noch allzu oft vor, dass die Beschwerde führende Person entlassen oder versetzt wird, sobald die Vorfälle aufgedeckt werden. Eine konsequente Politik zur Beseitigung der sexuellen Belästigung muss dieses Problem ernst nehmen. Beschwerdeführerinnen und Zeugen dürfen nicht bestraft werden. Im Gegenteil: Sie müssen sich darauf verlassen können, dass sie wegen ihrer Beschwerde oder ihrer Zeugenaussage keine Sanktionen und keine Benachteiligungen erleiden. Dieser Schutz ist zentrale Voraussetzung dafür, dass sich die betroffenen Personen überhaupt äussern.

Eine Versetzung der Beschwerdeführerin und der Zeuginnen und Zeugen sollte nur dann ins Auge gefasst bzw. erleichtert werden, wenn es von ihnen ausdrücklich gewünscht wird. Es kommt vor, dass sich die Opfer lieber versetzen lassen, sei es, weil das Arbeitsklima unerträglich geworden ist, sei es, weil sie die ständige Erinnerung an schmerzhafte Erlebnisse nicht aushalten (die Opfer haben das Bedürfnis, einen Strich unter das Ganze zu ziehen). Doch in allen andern Fällen sollte die Unternehmensleitung die nötigen Massnahmen zur Verbesserung der Situation ergreifen, ohne die Beschwerdeführerin zu versetzen.[6]

Vergeltungsmassnahmen gegenüber einer Beschwerde führenden Person oder einer Zeugin bzw. einem Zeugen sollten wie ein schweres disziplinarischen Vergehen sanktioniert und eben so hart bestraft werden wie die ursprüngliche Belästigung.

3.3.9.6 Nicht begründete Beschwerden

Hier geht es um Beschwerden, bei denen aufgrund der Beweislage keine sexuelle Belästigung vorlag oder eine solche nicht ausreichend bewiesen werden konnte (Fehlen oder Aussageverweigerung von ZeugInnen). Eine nicht begründete Beschwerde, die im guten Glauben eingereicht wurde, sollte für die Beschwerde führende Person keine Konsequenzen haben. Wenn eine Beschwerde erfolglos bleibt, sollten die Betroffenen nach Möglichkeit in einer anderen Abteilung beschäftigt werden. Ausserdem sollten alle Unterlagen und Hinweise auf die Beschwerde aus den Personalakten der Person, gegen die sich die Beschwerde gerichtet hat, entfernt werden.

3.3.9.7 Falsche Anschuldigungen

Um eine falsche Anschuldigung handelt es sich, wenn eine Beschwerde eingereicht wird, um jemandem zu schaden. Solche Beschwerden können vorkommen, sind jedoch sehr selten, weil es für die Opfer sexueller Belästigung sehr schwierig ist, sich überhaupt Gehör zu verschaffen (siehe *Kapitel 1.5 Die Vorurteile*). Es wird empfohlen, beim Verfahren darauf hinzuweisen, dass eine falsche Anschuldigung Sanktionen nach sich zieht. Zudem sollte eine zu Unrecht beschuldigte Person das Recht auf Wiedergutmachung haben.

---

6 Siehe dazu Artikel 17 des Gesetzesentwurfs PL7026 über Persönlichkeitsschutz und insbesondere über sexuelle Belästigung im öffentlichen Dienst, eingereicht im Genfer Grossen Rat am 24. August 1993.

3.3.9.8 *Rekursmöglichkeiten*

Die von einer Beschwerde betroffenen Personen sollen gegen einen Entscheid bei der zuständigen Stelle Einspruch erheben können. Die Rekursinstanz darf nicht mit der Entscheidinstanz identisch sein.

3.3.10 Überwachung der Umsetzung der Unternehmenspolitik

Das Unternehmen sollte eine vom Personal gewählte Kommission einsetzen, die die Umsetzung der erwähnten Unternehmenspolitik überwacht und bei Bedarf Anpassungen vornimmt. Die erste Überprüfung sollte sechs Monate nach Inkrafttreten des Reglements und danach einmal jährlich vorgenommen werden (siehe *Kapitel 9: Was Gewerkschaften beachten müssen*).

3.4 Verbreitung der internen Politik

Ein Reglement wird nicht für die Schublade gemacht. Es sollte allen Mitarbeiterinnen und Mitarbeitern bekannt sein und von allen verstanden werden. Es gibt leider immer noch Betriebe, die zwar ein Reglement haben, von dem die Angestellten aber nichts wissen oder dessen Inhalt sie nicht kennen. Um zu erfahren, ob Ihre Mitarbeiterinnen und Mitarbeiter über das Reglement informiert sind, sollten Sie sie regelmässig danach fragen, ob ihnen die Existenz und der Inhalt des Reglements bekannt sind. Aus den Antworten ersehen Sie, wie gut die Informationswege funktionieren und ob Sie andere Mittel einsetzen müssen. Ein nicht bekanntes oder schlecht verstandenes Reglement bringt nichts, und Sie können es im Falle einer Klage vor Gericht auch nicht zu Ihrer Entlastung vorbringen.

3.4.1 Information des Personals

Keiner und keine Ihrer Angestellten darf über Vorhandensein und Inhalt des Reglements in Unkenntnis gelassen werden. Die fehlende Kenntnis kann dazu führen, dass keine Beschwerden eingereicht werden. Alle Mitarbeiterinnen und Mitarbeiter sollten in der Lage sein, ein Opfer über das Reglement zu informieren und zu ermutigen, es zu nutzen. Manchmal will die Unternehmensleitung aus Angst vor einer Beschwerdeflut kein grosses Aufheben darum machen. Das ist jedoch eine falsche Überlegung, denn die Verbreitung von Information hat noch nie falsche Anschuldigungen ausgelöst. Hingegen schüren ungelöste Konflikte sehr oft den Unmut der Betroffenen. Eine offene Informationspolitik fördert und beschleunigt die Lösung von Problemen und verhindert, dass sich Gerüchte ausbreiten können.

3.4.2 Information des Kaders

Kaderleute müssen speziell informiert werden. Sie müssen über Existenz und Inhalt des Reglements besonders gut Bescheid wissen, da sie für seine Anwendung verantwortlich sind. Ihre Aufgabe ist es auch, die Angestellten daran zu erinnern, dass sexuelle Belästigung verboten ist und dass Täter in jedem Fall bestraft werden.

Daher muss besonderes Gewicht auf die Schulung der Kaderleute gelegt werden und darauf, dass sie den Sinn und die Auswirkungen des Reglements begriffen haben.

3.4.3 Wie informieren?

Man kann nicht davon ausgehen, dass eine Information nach einmaliger Verbreitung schon im Gedächtnis haften bleibt. Die Leute vergessen vieles, was sie nicht direkt betrifft. Daher muss regelmässig über Inhalt, Sinn und Zweck des Reglements informiert werden. Dafür gibt es verschiedene Kanäle, die sich ergänzen können. Zunächst sollte jede Mitarbeiterin und jeder Mitarbeiter bei der Anstellung das Reglement erhalten. Dann kann mit einem Plakat, einem Rundschreiben mit dem Lohnzettel oder in einer mündlichen Mitteilung der Unternehmensleitung daran erinnert werden. Man kann auch aufwändigere Mittel einsetzen, wie dies etwa die internationale Firma Petro Canada gemacht hat, die für ihr Personal ein Video realisiert hat, das die Firmenpolitik in Bezug auf sexuelle Belästigung vorstellt. Mehrere kantonale und kommunale Verwaltungen haben ein Faltblatt erarbeitet, und einige haben Plakatkampagnen durchgeführt. Sie können auch die Betriebs- oder Personalkommission einspannen, die Sie bei der Verbreitung der Information unterstützt. Schliesslich sollten Sie die Diskussion fördern und Debatten organisieren. Es geht darum, ein offenes Klima zu schaffen, das es allen Mitarbeitenden ermöglicht, sich zum Thema zu äussern, ohne ausgelacht zu werden. Das beste Mittel ist auf jeden Fall Ihr Wille, der Belästigung vorzubeugen und sie zu bekämpfen. Teilen Sie dem Personal mit, dass es Ihnen mit der Sache ernst ist, und sorgen Sie dafür, dass die Kaderleute Sie darin unterstützen (siehe *Kapitel 3.6 Präventionsmassnahmen und 3.7 Die Personalschulung*).

3.5 Schaffung eines belästigungsfreien Arbeitsklimas

Es ist keine einfache Aufgabe ein Arbeitsklima zu schaffen, das sexuelle Belästigung nicht zulässt. Es gibt jedoch gewisse Arbeitsbedingungen, die ein offenes, freundliches Klima fördern, so etwa gut qualifizierte Kaderleute oder die berufliche Förderung der Frauen. Umgekehrt gibt es Umstände, die sexuelle Belästigung begünstigen, z.B. ein grosses Ungleichgewicht zwischen Frauen und Männern in einer Abteilung, Temporärarbeit und Arbeit auf Abruf.

3.5.1 Kriterien für die Anstellung von Kaderleuten

Bei der Anstellung eines Mitarbeiters oder einer Mitarbeiterin denkt die Unternehmensleitung normalerweise nicht daran, sich zu versichern, dass der Kandidat kein potenzieller Belästiger ist. Es geht auch nicht darum, bei früheren Arbeitgebern eine polizeiliche Untersuchung durchzuführen, um festzustellen, ob der Betreffende sexuelle Belästigungen begangen hat. Hingegen kann man dem Kandidaten und der Kandidatin eine ganze Reihe von Fragen zu seinen und ihren Einstellungen und Vorstellungen bezüglich Arbeit, Zusammenarbeit, Frauenbild, Beziehungen zwischen Vorgesetzten und Untergebenen usw. stellen, vor allem, wenn es sich um ein zukünftiges Kadermitglied handelt. Man hat festgestellt, dass Belästiger oft ein negatives Frauenbild haben und Frauen geringere Fähigkeiten zuschreiben. Sie geben auch an, dass sie keine Frauen als Vorgesetzte möchten.[7]

Kadermitglieder haben eine wichtige Funktion bei der Unterbindung sexueller Belästigung. Daher ist es wichtig, sich zu vergewissern, dass eine neu eingestellte Kaderperson den Kampf gegen sexuelle Belästigung als eine ihrer Aufgaben betrachtet und ihn nicht verharmlost. Je offener Sie schon am Bewerbungsgespräch auch über sexuelle Belästigung, über Einstellungen dazu und Ihre diesbezügliche Politik sprechen, desto grösser ist die Chance, dass Sie potenzielle Belästiger abschrecken. Diese arbeiten nicht gerne in Betrieben, wo über den Umgang mit sexueller Belästigung offen geredet wird, und werden ihr Verhalten zudem den Umständen anpassen: Dort, wo sie ernsthaft Sanktionen zu befürchten haben, werden sie das belästigende Verhalten eher unterlassen.

3.5.2 Förderung und berufliche Anerkennung der Frauen

Die Beförderung von Frauen in Kaderstellen schafft eine gute Voraussetzung für die Eindämmung der sexuellen Belästigung. Auch alle andern Massnahmen, die die berufliche Anerkennung der Frauen verbessern, wie Weiterbildung, Zugang von Frauen zu traditionellen Männerberufen, Übertragung von Verantwortung usw., führen zu einer deutlichen Verminderung von belästigenden Handlungen. Heute sind Frauen in höheren Positionen oder in männlichen Domänen noch immer in der Minderheit, was die sexuelle Belästigung begünstigt. Aus diesem Grund dürfen Sie sich nicht mit Halbheiten begnügen. Frauenförderung ist ein breit angelegtes Projekt und erfordert mehr als ein paar ausserordentliche Massnahmen.

3.5.3 Geschlechterdurchmischung in der Arbeitswelt

In einem Arbeitsumfeld, das sowohl quantitativ wie auch qualitativ wirklich gemischt ist, besteht ein geringeres Risiko für sexuelle Belästigung. Es muss also bei der Anstellung von Mitarbeitenden und beim Aufbau einer Abteilung auf das Geschlechtergleichgewicht geachtet werden. Wenn eine Abteilung aus 50% wenig qualifizierten Frauen und 50% hoch qualifizierten Männern besteht, kann dies nicht als gemischte Organisationseinheit betrachtet werden. Wenn eine Abteilung eine hierarchische Struktur hat mit einem Mann als Chef und hauptsächlich weiblichen Mitarbeitenden, dann ist dies ein fruchtbarer Boden für sexuelle Belästigung. Von ihrem Status her müssen sich die Frauen unterordnen, weil sie in ihrer Arbeit von einem einzigen Vorgesetzten abhängig sind. Gewisse Chefs nützen diese Situation aus, lassen jeweils einer einzelnen Mitarbeiterin Vergünstigungen zukommen und verlangen dann gelegentlich eine Gegenleistung. Diese Art der Personalführung entfacht Eifersucht und

[7] L.F. Fitzgerald, Sexual harassment: The definition and measurement of a construct, in M.A. Paludi (Hrsg.): *Ivory Power: Sexual harassment on campus*, State University of New York Press, Albany, 1991.

spaltet die Belegschaft. Das wissen diejenigen, die diese Methode anwenden, sehr wohl, sie fühlen sich jedoch sicher, dass sie schliesslich die Sieger sind in diesen Spielchen, die für die Opfer immer dramatisch enden und die Arbeitsabläufe in der Abteilung stören.

3.5.4 Temporärarbeit

Die Beschäftigung von Temporärarbeitskräften erleichtert das Auftreten von sexueller Belästigung ebenfalls. Personen, die temporär in einem Betrieb arbeiten, können ihre Rechte weniger gut durchsetzen. Zudem kennen sie die Gepflogenheiten des Unternehmens nicht und werden nicht in gleichem Mass anerkannt wie eine Person, die schon seit mehreren Jahren im Haus arbeitet. Sie werden also grössere Schwierigkeiten haben, bei Bedarf Unterstützung zu finden, und laufen Gefahr, rasch isoliert zu werden. Diese Situation kommt den Belästigern sehr entgegen, und sie können so völlig ungestraft handeln (siehe *3.8 Verantwortung von Temporärfirmen*).

Wenn Sie sexuelle Belästigung bekämpfen wollen, sollten Sie besonders auf die Arbeitsbedingungen von Temporärarbeitnehmenden achten.

3.5.5 Arbeit auf Abruf

Bei Arbeit auf Abruf besteht wegen der speziellen Arbeitsorganisation ein höheres Risiko für die Entstehung sexueller Belästigung als bei einer traditionellen Arbeitsform. Personen, die auf Abruf arbeiten, sind wegen ihres beruflichen Status besonders gefährdet. Da ihre Anstellung kaum abgesichert ist, hängen sie ganz vom guten Willen der Person ab, die sie eingestellt hat. Diese kann die Situation zur Erpressung ausnützen. Ideal wäre es, gar keine Arbeit auf Abruf leisten zu lassen. Wenn sie unvermeidlich ist, sollte die Personalführung unbedingt einer vertrauenswürdigen Person übergeben werden, und man sollte die Beziehungen zwischen den Vorgesetzten und den auf Abruf Arbeitenden ganz besonders im Auge behalten.

3.6 Präventionsmassnahmen

Sexuelle Belästigung wird von Frauen und Männern unterschiedlich erlebt und wahrgenommen. Diese Tatsache ist mit der bestehenden Ungleichheit zwischen den Geschlechtern erklärbar. Was von Männern vielleicht als harmlos oder lustig eingeschätzt wird, kann von Frauen als Zwang oder Angriff empfunden werden. Daher ist es ratsam, diese Unterschiede bei der Aufklärung und Information der Mitarbeiterinnen und Mitarbeiter zu berücksichtigen. Ausserdem sind die Opfer häufiger Frauen und die Täter häufiger Männer. Diese Besonderheit muss ebenfalls berücksichtigt werden, indem die Aufklärung auf die speziellen Bedürfnisse von Frauen und Männern ausgerichtet wird.

3.6.1 Sensibilisierung der Frauen

Da die Opfer hauptsächlich Frauen sind, sollten Frauen ermutigt werden, sexueller Belästigung entgegenzutreten, indem sie die Pläne des Belästigers vereiteln. Vorbeugen ist besser als heilen, sagt das Sprichwort. Belästigte Frauen reagieren oft gar nicht oder zu spät, weil sie überzeugt sind, die Situation werde sich wieder einrenken. Doch da irren sie sich. Die einzige Art, sich gegen sexuelle Belästigung erfolgreich zu wehren, ist, sofort zu reagieren und dem Belästiger klarzumachen, dass sein Verhalten nicht gebilligt wird. Oft können Frauen nicht gut nein sagen, sie fürchten, die andern vor den Kopf zu stossen, oder haben Angst, dass man ihnen vorwirft, wegen einer Kleinigkeit ein Theater zu machen. Ein Unternehmen kann für Frauen Selbstbehauptungskurse anbieten, in denen sie lernen, die ersten Anzeichen von Belästigung wahrzunehmen, ihr Unbehagen ernst zu nehmen und ihre Ablehnung sofort und eindeutig zum Ausdruck zu bringen.

3.6.2 Sensibilisierung der Männer

Während es bei den Frauen darum geht, ihre Toleranzschwelle zu senken, sollen Männer lernen, dem Empfinden und Unbehagen ihres Gegenübers mehr Beachtung zu schenken und zu merken, wann sie jemanden bedrängen und einengen. Zu diesem Zweck kann man Fachpersonen beiziehen, die sich mit der gesellschaftlichen Rolle des Mannes auseinander gesetzt haben.[8] So können Männer lernen, die ersten Anzeichen von Unbehagen, die ihr Verhalten bei Frauen auslöst, wahrzunehmen und zu berücksichtigen, ohne sich in ihrer Männlichkeit bedroht zu fühlen. Sie können den Mythos der «rächenden und kastrierenden Frau» hinterfragen und entdecken, dass ihre eigenen Ängste sehr oft Phantasien entspringen und dass die Frauen lediglich arbeiten wollen, ohne belästigt zu werden.

3.6.3 Kampagnen

Zu Themen wie Alkohol oder Sicherheit am Arbeitsplatz werden in den Betrieben schon seit langem Kampagnen durchgeführt. Dasselbe sollten Sie zum Thema sexuelle Belästigung tun, damit Ihre Mitarbeiterinnen und Mitarbeiter frei darüber diskutieren können. Inhaltlich sollten sich die Kampagnen mit den Vorurteilen auseinander setzen, die die Leute daran hindern, über das Thema zu sprechen (siehe *1.5 Die Vorurteile*). Zeigen Sie auf, wie vorteilhaft sich ein belästigungsfreies Klima auf die Gesundheit des Personals und des Unternehmens auswirkt (siehe *1.6 Die Auswirkungen auf das Opfer* und *1.7 Finanzielle Kosten für Unternehmen und Staat*). Schliesslich sollten Sie darauf hinweisen, wie wichtig es ist, im konkreten Fall das Reglement anzuwenden. Sagen Sie deutlich, dass Sie in Ihrem Betrieb sexuelle Belästigung unbedingt bekämpfen wollen, und bekräftigen Sie es durch entsprechende Entscheide.

---

8 Fachleute und Informationen finden Sie beispielsweise im mannebüro züri, einem Beratungsangebot für Männer gegen Gewalt, www.mannebuero.ch.

3.7 Die Personalschulung

Die Ausbildung aller Mitarbeiterinnen und Mitarbeiter ist eine notwendige Bedingung zur Bekämpfung der sexuellen Belästigung. Dabei müssen das Kaderpersonal und die Personen, die Beschwerden behandeln, besonders sorgfältig geschult werden. Die Ausbildung soll offene Fragen beantworten, die Sicherheit im Umgang mit dem Problem fördern und Möglichkeiten zum Eingreifen zur Verfügung stellen. Letztere sind sehr nützlich, denn oft fühlen sich Führungskräfte ausser Stande, einen Konflikt zu lösen, obwohl sie sich um das Wohlergehen der Mitarbeiterinnen und Mitarbeiter Sorgen machen. Eine gut ausgebildete Person hingegen ist vorbereitet und kann die Probleme besser anpacken.

3.7.1 Schulung der Unternehmensleitung

Die Unternehmensleitungen dürfen die Konfliktlösung nicht einfach an die Vorgesetzten der unteren Stufen, die Personalabteilung oder die Personen, die für die Behandlung der Beschwerden zuständig sind, delegieren. In manchen Fällen ist ihre Mitarbeit bei der Suche nach Lösungen unabdingbar. Was geschieht zum Beispiel, wenn ein Mitglied des oberen Kaders in einen Fall sexueller Belästigung verwickelt ist? Dann gibt es ohne einen Entscheid der Unternehmensleitung keinen Ausweg aus der Situation. Sexuelle Belästigung ist kein nebensächliches Problem und hat direkte Auswirkungen auf Qualität und Quantität der geleisteten Arbeit (siehe *1.7 Finanzielle Kosten für Unternehmen und Staat*). Aus diesem Grund sollten die Unternehmensverantwortlichen entsprechende Vorkommnisse ernst nehmen und sich gut darüber informieren. Ausserdem ist es Sache der Unternehmensleitung, Reglemente und Verfahren für die Prävention und den Umgang mit sexueller Belästigung auszuarbeiten.

Die Schulung sollte mindestens die folgenden Punkte umfassen:

- die Verantwortung des Arbeitgebers gemäss Gesetz;
- Definition und Erscheinungsformen der sexuellen Belästigung;
- Möglichkeiten zum Eingreifen;
- Erarbeitung eines Reglements.

3.7.2 Schulung des übrigen Kaders

Das Kader hat die Aufgabe, das Personal zu führen und in Konfliktfällen zu intervenieren. Die Vorgesetzten stehen bei Fällen von sexueller Belästigung an vorderster Front und müssen sich damit auseinander setzen. Eine Abteilung mit einem feindseligen Arbeitsklima hat keine Zukunft. Kadermitglieder müssen nicht nur aktuell auftretende sexuelle Belästigungen stoppen, sondern ihnen auch vorbeugen, indem sie gute Arbeitsbedingungen schaffen. Sie sollten sich auch bemühen, erste Anzeichen von drohenden Konfliktsituationen zu erkennen.

Ihre Position verpflichtet Kadermitglieder zu einem vorbildlichen Verhalten. Trotzdem kommt es vor, dass Vorgesetzte selbst belästigen und dass sie von ihren Kollegen im Kader gedeckt werden. Wie aber soll jemand Respekt und Vertrauen haben zu einem Vorgesetzten, der seine Untergebenen belästigt? In einem solchen Fall sollte die Unternehmensleitung konsequent sein und sich von Vorgesetzten trennen, die den vorgegebenen Verhaltenskodex nicht befolgen. Man entlässt ohne weiteres einen Mitarbeiter, der sich der Unterschlagung schuldig gemacht hat, weshalb sollte man mit Belästigern in Führungsfunktionen nicht gleich verfahren?

Um die Vorgesetzten bei der Personalführung und Konfliktlösung zu unterstützen, sollte man ihnen eine Ausbildung anbieten, die mindestens die folgenden Punkte umfasst:

- Definition und Erscheinungsformen der sexuellen Belästigung;
- die Verantwortung der Vorgesetzten;
- die Vorboten der sexuellen Belästigung;
- Voraussetzungen für ein belästigungsfreies Arbeitsklima;
- Möglichkeiten zum Eingreifen.

3.7.3 Schulung der Personen, die Beschwerden entgegennehmen und behandeln

Personen, die für die Entgegennahme und Behandlung von Beschwerden zuständig sind, brauchen eine spezielle Ausbildung. Ein Teil von ihnen muss die Opfer informieren und beraten können, und der andere Teil muss eine Untersuchung zur Abklärung des Sachverhalts durchführen können. Daher ist es wichtig, dass diese Personen über ausreichende Kenntnisse in folgenden Gebieten verfügen:

- Definition und Erscheinungsformen der sexuellen Belästigung;
- gesetzliche Bestimmungen;
- Verletzlichkeit der Opfer;
- Strategien der Belästiger;
- Auswirkungen der Belästigung;
- Vorurteile;
- Vorboten der sexuellen Belästigung;
- Instrumente zur Unterstützung und Beratung;
- Untersuchungsinstrumente.

3.8 Verantwortung von Temporärfirmen

Temporärarbeit ist eine Form von Personalverleih und im Bundesgesetz über die Arbeitsvermittlung und den Personalverleih vom 6. Oktober 1989 geregelt. Die Temporärarbeit zeichnet sich durch eine Dreiecksbeziehung aus zwischen Arbeitnehmenden, Vermittlungsagentur (Verleiher) und dem Betrieb, für den die Arbeitnehmenden arbeiten (Einsatzbetrieb). Die Arbeitnehmenden haben lediglich einen Vertrag mit der Vermittlungsagentur. Doch sie arbeiten im Einsatzbetrieb und sind ausschliesslich den dortigen Anweisungen unterstellt. Somit sind die Arbeitnehmerinnen und Arbeitnehmer für alles, was die Ausführung der Arbeit wie auch ihre Arbeitsbedingungen (Hygiene, Sicherheit, Gesundheits- und Persönlichkeitsschutz) betrifft, vom Betrieb abhängig, für den sie arbeiten, obwohl sie mit diesem keinen Arbeitsvertrag haben. Diese Situation bringt es mit sich, dass in erster Linie der Einsatzbetrieb für das Verhalten seiner Angestellten und für den Persönlichkeitsschutz aller Personen, die bei ihm arbeiten, verantwortlich ist. Die Vermittlungsagentur, der die Rolle des Arbeitgebers zukommt, wird damit jedoch nicht aus aller Verantwortung gemäss Art. 328 OR entlassen.

Die Vermittlungsfirma macht sich insbesondere schuldig, wenn sie von früheren Fällen sexueller Belästigung in einem Betrieb Kenntnis hat und trotzdem weiterhin Arbeitnehmerinnen dort platziert, ohne Massnahmen gegen die Belästigung zu verlangen. Wenn die Vermittlungsfirma auf Verlangen des Einsatzbetriebs einer von Belästigung betroffenen Arbeitnehmerin missbräuchlich kündigt, dann riskiert sie, die Entschädigung für missbräuchliche Kündigung nach Art. 336a OR bezahlen zu müssen.

Wenn Sie sich gegen sämtliche Entschädigungsforderungen dieser Art absichern wollen, dann sollten Sie alle nötigen Massnahmen zum Schutz der von Ihnen rekrutierten Personen ergreifen. Diese Aufgabe ist allerdings nicht ganz einfach, da Sie ja selbst nicht am Arbeitsplatz zugegen sind und daher keine Kontrollmöglichkeit haben. Daher müssen Sie sicherstellen, dass die von Ihnen angestellten Arbeitnehmerinnen und Arbeitnehmer über ihre Rechte ausreichend informiert sind und dass die Einsatzfirma über klare Regelungen bezüglich sexueller Belästigung verfügt.

3.8.1 Richtlinien

Eine Temporärfirma sollte – wie andere Arbeitgeber auch – ein Reglement ausarbeiten, das ihrer speziellen Situation als Vermittlungsfirma Rechnung trägt. Da sie weder auf die internen Richtlinien noch auf die Sanktionsmassnahmen der Einsatzbetriebe Einfluss nehmen kann, muss sie den Hauptakzent auf ihre Verantwortung für den Persönlichkeitsschutz der Angestellten legen und alle Massnahmen ergreifen, um eine Verletzung ihrer Persönlichkeitsrechte zu verhindern. Die Agentur sollte für ihre Mitarbeiterinnen und Mitarbeiter eine Beschwerdemöglichkeit vorsehen. Dies ist besonders wichtig, weil Temporärarbeitskräfte wegen ihres prekären Status zu den Risikogruppen gehören. Bei einer Beschwerde muss die Temporärfirma bei ihrer Kundin intervenieren und verlangen, dass die Belästigung gestoppt wird. Sie muss Bedingungen aushandeln, dank denen die belästigte Person in einem angenehmen Klima weiterarbeiten kann. Wenn das nicht möglich ist, sollte sie sich um eine gleichwertige Beschäftigung für die betroffene Arbeitnehmerin bemühen.

3.8.2 Information der Temporärarbeitskräfte

Die Agentur informiert ihre Angestellten bei der Anstellung über die Bestimmungen des Reglements und gibt ihnen ein Exemplar davon ab. Sie macht sie darauf aufmerksam, dass sie im Fall einer Belästigung sowohl die zuständige Instanz der Einsatzfirma als auch die Vermittlungsagentur benachrichtigen sollten und dass sie das Recht haben, eine Beschwerde einzureichen. Das ist in der Tat die einzige Möglichkeit für die Vermittlungsagentur, von solchen Problemen überhaupt Kenntnis zu bekommen. Nur so kann man ihr nicht vorwerfen, sie habe nicht alle Massnahmen getroffen, die «nach der Erfahrung notwendig, nach dem Stand der Technik anwendbar und den Verhältnissen des Betriebes oder Haushaltes angemessen sind, soweit es [ihr] mit Rücksicht auf das einzelne Arbeitsverhältnis und die Natur der Arbeitsleistung billigerweise zugemutet werden kann» (Art. 328 Abs. 2 OR).

3.8.3 Vereinbarung zwischen der Vermittlungsagentur und der Einsatzfirma

Die Verleihagentur sollte sich bei den Firmen, mit denen sie zusammenarbeitet, erkundigen, ob sie über ein Reglement verfügen. Wenn nicht, sollte sie ihnen die Ausarbeitung eines Reglements nahe legen. Das liegt im eigenen Interesse der Einsatzbetriebe, denn ein Belästiger kann genauso gut eine betriebseigene Mitarbeiterin belästigen wie eine Temporärangestellte.

In einer Vereinbarung zwischen Agentur und Einsatzbetrieb können die Verantwortlichkeiten beider Seiten festgelegt werden. Die Einsatzfirma verpflichtet sich, die nötigen Massnahmen zum Schutz der Temporärarbeitskräfte – wie auch des übrigen Personals – zu ergreifen, für ein belästigungsfreies Klima zu sorgen und allfällige Belästigungen zu beenden. Sie muss insbesondere für die Bestrafung der Täter sorgen. Die Temporärfirma ihrerseits verpflichtet sich, den Einsatzbetrieb zu informieren, wenn sie Kenntnis von sexuellen Belästigungen erhält. Sie bietet der betroffenen Person Hilfe und Unterstützung an und sorgt dafür, dass sie ohne Belästigung weiterarbeiten kann. Wenn dies nicht möglich ist oder die betroffene Person nicht weiter im betreffenden Betrieb arbeiten will, bietet die Agentur ihr eine andere Stelle zu gleichen Bedingungen an.

Wir raten Ihnen, diese Frage ernst zu nehmen, ansonsten riskieren Sie Überraschungen und Kosten, in manchen Fällen gar Entschädigungsleistungen für etwas, wofür Sie sich gar nicht verantwortlich fühlen. Warten Sie nicht, bis ein Konflikt auftritt. Sorgen Sie vor und informieren Sie Ihre Kundinnen und Kunden über Ihre Bemühungen. Damit schützen Sie sich und animieren andere Unternehmen, etwas gegen sexuelle Belästigung zu unternehmen. Am besten wäre es, gar nicht mit Firmen zusammenzuarbeiten, die kein Reglement ausarbeiten wollen. Auf jeden Fall ist es ratsam, sich von Kundinnen und Kunden zu trennen, die in einem konkreten Fall nicht angemessen reagiert haben.

3.8.4 Schulung

Schulung ist eine wichtige Voraussetzung für einen angemessenen Umgang mit dem Problem. Vernachlässigen Sie daher die Schulung Ihrer Mitarbeiterinnen und Mitarbeiter in der Unternehmensleitung, bei der Personalrekrutierung und in der Administration nicht. Diese müssen sich vielleicht eines Tages mit einem Fall sexueller Belästigung auseinander setzen und könnten überfordert sein, wenn sie nicht entsprechend darauf vorbereitet wurden.

Was Führungskräfte beachten müssen

4

In diesem Kapitel erklären wir, welche Aufgaben Führungskräfte bei Problemen mit sexueller Belästigung erfüllen müssen. Zudem schlagen wir Massnahmen vor, mit denen sexuelle Belästigung verhindert oder unterbunden werden kann. Führungskräfte werden ermuntert, auf die ersten Anzeichen von sexueller Belästigung zu achten, damit sie den Tätern möglichst schnell entgegentreten können.

4.1 Die Verantwortungsbereiche von Führungskräften

Vorgesetzten ist nicht immer bewusst, dass sie mit ihrem Verhalten sexuelle Belästigung fördern oder verhindern können. Sie haben nicht nur den Auftrag von der Unternehmensleitung, Belästigungen zu stoppen, sondern können auf Grund ihrer Stellung sexueller Belästigung auch vorbeugen, indem sie attraktive Arbeitsbedingungen schaffen.

4.1.1 Einhaltung und Anwendung des Reglements

Führungskräfte müssen dafür sorgen, dass das Reglement eingehalten wird. Wenn Probleme mit sexueller Belästigung auftreten, sind sie als erste gefordert. Wenn es Weisungen oder Richtlinien gibt, können sie darauf Bezug nehmen und ihr Eingreifen damit legitimieren. Ihre Aufgabe ist es dann, dafür zu sorgen, dass das Reglement angewendet wird und dass die Entscheide zur Lösung von Konflikten umgesetzt werden. Daher muss den Führungskräften der Inhalt des Reglements bekannt sein. Sie müssen es bis ins Detail verstehen und entsprechend handeln. Sonst kann ihnen die Unternehmensleitung Nachlässigkeit vorwerfen und hat das Recht, Sanktionen gegen sie zu ergreifen.

4.1.2 Konfliktlösung

Wenn Vorgesetzte mit einem konkreten Fall konfrontiert werden, dürfen sie nicht einfach die Augen davor verschliessen unter dem Vorwand, es handle sich um eine private Angelegenheit, die nur die beiden betroffenen Personen etwas angeht. Dies ist zwar eine häufige Reaktion, doch sie schadet der betreffenden Abteilung. Sexuelle Belästigung ist keine Privatsache. Führungskräfte müssen sie sehr ernst nehmen und alles tun, um sie zu stoppen und den Tätern klarzumachen, dass ihr Verhalten nicht akzeptiert wird. Durch rasches Handeln können Vorgesetzte vermeiden, dass es zu langwierigen Verfahren kommt mit schriftlicher Beschwerde, Abklärung des Sachverhalts und Verunsicherung in der Abteilung. Solche Verfahren bergen das Risiko, dass schliesslich doch keine Lösung gefunden wird, weil sich die Sache zu lange hingezogen und Gräben aufgerissen hat. Je mehr Zeit verstreicht, desto schwieriger wird es, einen Konflikt zu lösen. Man sollte unter allen Umständen vermeiden, dass sich die Situation verschlimmert und das Arbeitsklima vergiftet wird. In Betrieben, in denen sich die Führungskräfte nicht zum Eingreifen berechtigt und verpflichtet fühlen, können ganze Abteilungen auf lange Sicht durch ungelöste Konflikte lahm gelegt werden.[1]

4.1.3 Vorgesetzte belästigen nicht

Vorgesetzte sollten Vorbilder für ihre Mitarbeiterinnen und Mitarbeiter sein. Es versteht sich deshalb von selbst, dass sie nicht selbst belästigen; auch sollten sie sich von zweideutigem Benehmen klar distanzieren und deutlich machen, dass dies am Arbeitsplatz nicht toleriert wird. Wie soll eine betroffene Person den Mut zu einer Beschwerde finden, wenn ihr Vorgesetzter selbst sexuelle Belästigungen begeht oder solche unterstützt, indem er Belästiger deckt? Ein Chef, der seine Mitarbeiterinnen sexuell belästigt, ist ein schlechter Vorgesetzter und wird früher oder später zur Verantwortung gezogen werden müssen.

4.2 Wie kann eine Belästigungssituation erkannt werden?

Es ist möglich, bereits Vorläufer der sexuellen Belästigung zu erkennen, denn solche Abwertungs- und Grenzverletzungssituationen entwickeln sich langsam. Man kann beobachten, wie sich nach und nach Veränderungen einstellen, bis sie schliesslich in einem Drama enden. Wenn es den Vorgesetzten gelingt, bereits bei den ersten Anzeichen einzugreifen, können sie dem Unternehmen grossen menschlichen und finanziellen Schaden ersparen.

4.2.1 Erste Anzeichen erkennen

Prävention besteht hauptsächlich darin, zu verhindern, dass sich ein Konflikt so lange steigert, bis er nicht mehr gelöst werden kann und die Beteiligten nicht mehr zusammenarbeiten können. Ihre Rolle besteht darin, dies zu verhindern, indem Sie bei den ersten Anzeichen einer sexuellen Belästigung reagieren. Ein deutlicher Hinweis sind etwa unerklärliche Veränderungen im Verhalten einer Mitarbeiterin: Die Qualität der Arbeit nimmt ab, die Mitarbeiterin macht Fehler, ihre Leistung sinkt, sie ist unmotiviert und fehlt oft wegen Unfällen oder Krankheiten, die zwar nie schwer wiegend sind, sie aber während gewisser Zeit ans Haus fesseln. Sie hat etwa eine Zerrung oder eine Verstauchung oder leidet an Schmerzen meist psy-

[1] Vgl. die Studie einer wallonischen Soziologengruppe über die Ausarbeitung von Richtlinien auf Grund des königlichen Beschlusses vom 18. September 1992 über den Schutz der Arbeitnehmer vor sexueller Belästigung (Groupe de sociologie wallone: Etude portant sur la mise en place des directives découlant de l'arrêté royal du 18 septembre 1992 visant la protection des travailleurs contre le harcèlement sexuel sur les lieux de travail, Université catholique de Louvain, décembre 1994).

chosomatischen Ursprungs wie Migräne, Magenschmerzen, Rückenschmerzen usw. Die betroffene Person zeigt auch Stimmungsschwankungen und reagiert heftig und unangemessen auf andere. Sie weint vielleicht oder ist aggressiv. Schliesslich zieht sie sich zurück, wirkt zerstreut, spricht mit niemandem mehr, ist oft allein und nimmt kaum noch am gesellschaftlichen Leben im Betrieb teil (Apéro, Jahresabschlussfeier, Geburtstagsfeier usw.). Manchmal ist das Unbehagen zwischen zwei oder mehreren Mitarbeitenden spürbar, ohne dass es ausgesprochen wird. Man hat den Eindruck, es bestehe ein unterschwelliger Konflikt in einer Abteilung oder zwischen zwei Personen. In anderen Fällen hört man über eine Person munkeln, sie habe diese oder jene belästigt. Es kann sein, dass sich diese Gerüchte nicht bestätigen, doch es kann sich auch um tatsächliche Vorkommnisse handeln. Auf jeden Fall sollten Sie hellhörig werden. Gerüchte verbreiten sich oft dann, wenn ein Konflikt nicht oder nur unbefriedigend gelöst wurde.

Die erwähnten Anzeichen haben nicht zwangsläufig mit sexueller Belästigung zu tun. Sie können auch ein anderes Unbehagen ausdrücken. So oder so sind sie es wert, besonders unter die Lupe genommen zu werden. Sie sollten also bei der betreffenden Person nachfragen, ob Ihre Annahme richtig ist. Die Mitarbeiterin wird Ihnen dies nicht übel nehmen, wenn Sie behutsam vorgehen und ihr gleich am Anfang versichern, dass Sie sich Sorgen um ihr Wohlbefinden machen. Fragen Sie sie auch, ob Sie etwas für sie tun können. Sie wird dies vielleicht verneinen, aber so haben Sie ihr zumindest ein Angebot gemacht, auf das sie vielleicht später zurückkommen kann. Bestreitet die Mitarbeiterin Ihre Vermutung, dann sollten Sie nicht ohne weiteres denken, Sie hätten sich getäuscht. Opfern sexueller Belästigung fällt es oft schwer, über ihre Erlebnisse zu sprechen. Wenn die Anzeichen nicht verschwinden, sollten Sie es wieder versuchen, bis Sie eine Antwort auf Ihre Fragen bekommen. Es ist nicht einfach, ein Opfer anzusprechen, daher sollten Sie sich von der in Ihrem Betrieb dafür zuständigen Vertrauensperson oder von einer anderen Fachperson beraten lassen.

4.2.2 Gerüchte bekämpfen

Nichts ist schlimmer, als in einem Umfeld zu arbeiten, in dem Gerüchte die Runde machen. Man kann ihnen nicht Einhalt gebieten, und je weniger man eingreift, desto eher weiten sie sich aus. Sie einfach zu verbieten, bringt nichts, solange man nicht versteht, woher sie kommen. Solange man das Problem nicht an seiner Wurzel angeht, werden neue Gerüchte entstehen. Gemunkel deutet im Allgemeinen auf ein Unbehagen hin, dem man nachgehen sollte. Daher ist es wichtig, ihm auf den Grund zu gehen. Ob es sich nun tatsächlich um sexuelle Belästigung handelt oder um etwas anderes, es ist in jedem Fall von Vorteil, wenn Sie sich der Sache annehmen und sie zu bereinigen versuchen, und zwar möglichst fair, denn

Gerüchte sind oft Ausdruck von Unzufriedenheit über ungerechte oder diskriminierende Behandlung.

4.3 Beilegung eines offenen Konflikts

Wenn ein Konflikt rasch angegangen wird, ist das Problem schon halb gelöst. Damit vermeidet man die Verbreitung von Gerüchten. Um diese Aufgabe gut erfüllen zu können, müssen Führungskräfte über Strategien zur Konfliktlösung verfügen.

4.3.1 Sofort eingreifen

Lassen Sie die Situation nicht eskalieren. Handeln Sie, sobald Sie von einem Vorfall hören oder sobald eine Beschwerde eingeht. Solche Dinge lösen sich nie von selbst. Ihr Eingreifen macht deutlich, dass sexuelle Belästigung verboten ist, und gibt den Opfern das Gefühl, dass es sich lohnt, darüber zu sprechen. Gleichzeitig verhindern Sie mit einer klaren Haltung mögliche Folgekonflikte. Wenn Sie sich überfordert fühlen, holen Sie Rat bei Personen im Unternehmen, die eine spezielle Ausbildung dafür absolviert haben (siehe *Kapitel 5: Was Personen, die Opfer sexueller Belästigung beraten und unterstützen, beachten müssen* und *Kapitel 6: Was Personen, die Beschwerden untersuchen, beachten müssen)*. Verstecken Sie sich nie hinter dem Argument, die Sache sei zu kompliziert; dies wird niemand als Entschuldigung gelten lassen.

4.3.2 Das Gespräch mit der sich beschwerenden Person

Wenn sich eine Person bei Ihnen beschwert, hören Sie sich ihre Sicht der Dinge an. Bitten Sie sie um eine präzise Beschreibung der Umstände (Handlung, Daten, Auswirkungen usw.), unter denen sich die Vorfälle abgespielt haben, damit Sie sich ein Bild machen können. Notieren Sie sich die Aussagen. Konfrontieren Sie das Opfer nicht mit der beschuldigten Person, wenn es dies nicht wünscht. Das Opfer hat möglicherweise schmerzhafte Erfahrungen gemacht und ist in diesem Moment besonders verletzlich. Ausserdem ist der Weg einer Person, die sich zur Anzeige entschlossen hat, mit vielen Hindernissen gepflastert (siehe *1.5 Die Vorurteile):* Sie fürchtet, oft zu Recht, dass ihre Aussage weniger Gewicht hat als die der beschuldigten Person, und fühlt sich daher unterlegen. Unter diesen Umständen kann eine Konfrontation der beteiligten Parteien kontraproduktiv und für das Opfer von Nachteil sein. Setzen Sie dieses Mittel daher nur ein, wenn es vom Opfer gewünscht wird.

4.3.3 Das Gespräch mit der beschuldigten Person

Nachdem Sie die sich beschwerende Person angehört haben, müssen Sie die beschuldigte Person zu einem Gespräch bitten. Informieren Sie sie über die Vorwürfe und verlangen Sie eine Erklärung. Sie wird die Vorfälle vielleicht bestreiten oder verharmlosen oder die Schuld auf das Opfer abschieben (siehe *1.5 Die Vorurteile)*. Denken Sie daran, dass der Täter nicht beurteilen kann, ob die Vorfälle gravierend sind oder nicht. Darüber entscheidet einzig das Opfer. Die beschuldigte Person wird nicht nach ihrer Meinung über die fraglichen Handlungen gefragt, sondern nur danach, ob sie sie ausgeführt hat (siehe *6.2.2 Anhörung der beschuldigten Person)*. Lassen Sie sich nicht von Bemerkungen ablenken, die nichts mit den Vorwürfen zu tun haben, wie: «*Sie hat keinen Humor*» oder «*Sie hat es darauf angelegt*».

4.3.4 Der Entscheid

Nachdem Sie beide Seiten angehört und sich selbst ein Bild gemacht haben, teilen Sie den Beteiligten Ihren Entscheid mit. Wenn Sie zum Schluss kommen, die beschuldigte Person habe die ihr vorgeworfenen Handlungen begangen, machen Sie ihr klar, dass solches Verhalten verboten ist, und verlangen Sie, dass sie sich, je nach Schweregrad der Verfehlung, schriftlich oder mündlich entschuldigt. Vergewissern Sie sich, dass die Beteiligten nachher wieder zusammenarbeiten können, andernfalls müssen Sie organisatorische Änderungen ins Auge fassen. Wenn die Vorwürfe nicht bestätigt werden können, erklären Sie der Beschwerdeführerin die Gründe. Besprechen Sie mit den Betroffenen, was vorgekehrt werden muss, damit sie ihre Arbeit unter möglichst optimalen Bedingungen fortsetzen können. Sollte es Ihnen nicht gelingen, Klarheit in die Sache zu bringen, benachrichtigen Sie die Unternehmensleitung. Diese wird der zuständigen Stelle einen Auftrag zur Untersuchung und Abklärung des Sachverhalts erteilen (siehe *Kapitel 6: Was Personen, die Beschwerden untersuchen, beachten müssen)*. Wenn Sie der Meinung sind, die sich beschwerende Person habe eine falsche Aussage gemacht, verlangen Sie von ihr eine Entschuldigung bei der Person, die sie beschuldigt hat.

4.3.5 Sanktionen

Wenn die Vorwürfe begründet sind, muss der Täter gerügt oder wenn nötig auch strenger bestraft werden. Falls Sie zum Schluss kommen, die Vorfälle sollten von einer höheren Instanz beurteilt werden, leiten Sie das Dossier an die Unternehmensleitung oder an die für die Untersuchung solcher Fälle zuständige Stelle weiter. Hat jemand falsche Anschuldigungen gemacht, sollten Sie die betreffende Person ebenfalls bestrafen.

4.3.6 Dokumentation der Vorfälle

Notieren Sie die Vorwürfe, den Namen des Täters und ihre Entscheide und Sanktionen. Wenn die Abteilung einmal nicht mehr von Ihnen geleitet wird, sollten schriftliche Unterlagen vorhanden sein. Das ist vor allem wichtig ist, um Wiederholungstäter zu erkennen. Diese müssen strenger bestraft werden.

4.3.7 Einbezug der Unternehmensleitung

In schweren Fällen, namentlich wenn der Täter ein Kadermitglied ist oder wenn die Belästigungen zur Beeinträchtigung der physischen oder psychischen Gesundheit einer Person führen, muss die Unternehmensleitung informiert werden, damit sie Sanktionsmassnahmen ergreifen kann. Liegt ein solcher Fall vor, sollten Sie das Dossier unverzüglich Ihren Vorgesetzten weiterleiten.

4.4 Vorgehen, wenn das Opfer Angst hat, sich zu beschweren

Es kommt oft vor, dass die Opfer schweigen oder nicht wollen, dass jemand eingreift. Sie fürchten Vergeltungsmassnahmen des Täters oder haben Angst davor, dass die Vorgesetzten glauben, dass sie falsche Anschuldigungen machen. Sie fürchten, der Belästiger mache ihnen das Leben noch schwerer, setze sie unter Druck oder mache seine Drohungen wahr. Ausserdem haben sie Angst, ihre Stelle zu verlieren. Die Angst des Opfers ist ein Hinweis darauf, wie gravierend die Vorfälle sind und welche Gefahren ihm drohen. Was können Sie tun, wenn Sie von einer Belästigungssituation wissen, die betroffene Person aber nicht aussagen und keine Beschwerde einreichen will?

4.4.1 Das Ausmass des Konflikts und die Gefahren abschätzen

Auch wenn sich das Opfer gegen ein Eingreifen wehrt, darf man das Problem nicht einfach ignorieren, schon nur wegen der Folgen für die Gesundheit des Opfers, aber auch wegen der negativen Auswirkungen auf die Abteilung. Manchmal möchte die belästigte Person den Konflikt selbst regeln, und wenn dies nicht klappt, will sie kündigen. Diese Lösung hat verschiedene Nachteile: Einerseits ist der Konflikt in der Regel so nicht gelöst, andererseits wird der Täter nicht bestraft, während das Opfer den Arbeitsplatz verliert. In solchen Situationen ist es Ihre Aufgabe, das Ausmass des Konfliktes und das Risiko von schwer wiegenden Folgen abzuschätzen. Wenn Sie das Gefühl haben, die Gesundheit der betroffenen Person sei gefährdet und die Abteilung leide Schaden, müssen Sie handeln, auch gegen den Willen des Opfers. Versuchen Sie zuerst, das Opfer zu einer Beschwerde zu bewegen, und versichern Sie ihm, dass es keine Vergeltungsmassnahmen zu befürchten hat. Ziehen Sie auch ein Eingreifen ohne Nennung des Namens der Betroffenen in Betracht. Wenn Sie jedoch keine andere Möglichkeit sehen als eine offene Intervention, dann müssen Sie die belästigte Person mit allen Mitteln schützen.

4.4.2 Suche nach Zeuginnen und Zeugen

Die Person, von deren Belästigung Sie Kenntnis haben, ist vielleicht nicht das einzige Opfer. Erkundigen Sie sich, ob andere ebenfalls belästigt wurden. Durch weitere Zeugenaussagen wird das Opfer vielleicht ermutigt, ebenfalls auszusagen. Ausserdem sollten Sie nach Zeugen, Zeuginnen und Indizien suchen, die die Schuld des Täters beweisen können. Das ist wichtig, um die Vorwürfe zu untermauern und um dem Opfer zu zeigen, dass eine Beschwerde berechtigt ist. Zeuginnen und Zeugen müssen nicht unbedingt gesehen haben, was passiert ist. Sie können auch weitergeben, was das Opfer ihnen anvertraut hat, und über seine Ängste und Stimmungsveränderungen berichten. Mit Zustimmung des Opfers können Sie auch dessen Arzt kontaktieren oder andere Personen, die seine Aussagen bestätigen können. Belästigte Personen, die es nicht mehr aushalten und krank werden, berichten nicht selten ihrem Arzt oder ihrer Ärztin über die Belästigung, und diese können das Ausmass der Beeinträchtigung der physischen und psychischen Gesundheit ihrer Patientinnen am besten beurteilen. Diese indirekten Beweise sollten Sie dazu veranlassen, Sofortmassnahmen zu ergreifen.

4.4.3 Sofortmassnahmen

Wenn Sie die Gefahr erkannt haben, müssen Sie Sofortmassnahmen ergreifen. Sie dürfen nicht einfach zusehen, wenn jemand seine Gesundheit ernsthaft gefährdet (z.B. regelmässige Einnahme von Angst lösenden oder beruhigenden Medikamenten, Schlaflosigkeit, Depression, Selbstmordversuch oder Selbstmord). Als erstes sollten Sie den Täter dazu bringen, mit den Belästigungen aufzuhören, indem Sie ihm klarmachen, was er angerichtet hat. Drohen Sie ihm Sanktionen an, wenn er sein Verhalten nicht sofort ändert. Ausserdem sollten Sie ihm sagen, dass jede Vergeltungsmassnahme und jeder Druckversuch gegen die belästigte Person streng bestraft wird. Sie können sich auf das Reglement beziehen – sofern es in Ihrem Betrieb eines gibt – und Ihr Eingreifen damit noch besser begründen (siehe *3.3 Das Reglement)*. Machen Sie dem Täter klar, dass sexuelle Belästigung gesetzlich verboten ist.

In einigen Fällen kann das Opfer mit dem Täter nicht mehr zusammenarbeiten oder will mit ihm keinen Kontakt mehr haben. Dann müssen Sie organisatorische Umstellungen ins Auge fassen oder den Täter in eine andere Abteilung versetzen, damit das Opfer nichts mehr mit ihm zu tun hat. Die belästigte Person darf nicht gegen ihren Willen versetzt werden.

4.4.4 Weiterleitung an die Unternehmensleitung

Gewisse Fälle sind so gravierend, dass sie sofort der Unternehmensleitung zur Kenntnis gebracht werden müssen. Deren Schweregrad bemisst sich nach den Auswirkungen auf die berufliche und persönliche Situation des Opfers – das zum Beispiel krank geworden ist (siehe *1.6 Die Auswirkungen auf das Opfer)* – und/oder nach der Beeinträchtigung des Arbeitsablaufs. Eine Abteilung kann durch sexuelle Belästigung schweren Schaden nehmen: Leistungseinbussen, mittelmässige Arbeitsqualität, Konflikte zwischen Angestellten usw. können die Folgen davon sein (siehe *1.7 Finanzielle Kosten für Unternehmen und Staat)*.

4.5 Wie kann sexueller Belästigung vorgebeugt werden?

Bei sexueller Belästigung eine Lösung zu finden, ist eine mühsame Aufgabe, die zudem nicht immer von Erfolg gekrönt ist. Daher ist es besser, Arbeitsbedingungen zu schaffen, die dieses Problem gar nicht erst aufkommen lassen. So schützt man erstens die Mitarbeiterinnen und Mitarbeiter und erspart sich zweitens die damit verbundenen Unannehmlichkeiten.

4.5.1 Schaffung eines Arbeitsklimas, das von gegenseitigem Respekt geprägt ist

Ein belästigungsfreies Umfeld ist ein Umfeld, in dem jede Person in ihrer Eigenart respektiert wird. An einem Arbeitsplatz kommen oft Menschen aus unterschiedlichen Kulturen, mit unterschiedlichen politischen Einstellungen, sexuellen Orientierungen, Lebensstilen, Ausbildungen und Qualifikationen zusammen. Diese Unterschiede können bereichernd sein, wenn alle einander respektieren, doch sie können auch zu Konflikten führen, wenn die Betreffenden auf ihrer Sicht der Dinge beharren. Jedes Unternehmen sollte über einen Verhaltenskodex verfügen, der verlangt, dass Unterschiede respektiert werden, der Diskriminierung verbietet und sich um die Integration von gesellschaftlichen Minderheiten bemüht. Diese Geisteshaltung bildet die notwendige Voraussetzung, um Konflikte zu verhindern oder zumindest in angemessener Form zu regeln, und trägt gleichzeitig dazu bei, sexuelle Belästigung zu verhindern. Wer sexuelle Belästigung bekämpfen will, muss sich gegen jedes diskriminierende, verachtende und erniedrigende Verhalten wenden. Dies ist eine Grundbedingung für die positive Entwicklung des Unternehmens.

4.5.2 Gleichbehandlung von Frauen und Männern

Wie wir bereits ausgeführt haben, liegen die Ursachen für sexuelle Belästigung hauptsächlich in der Ungleichheit der Geschlechter. Eine Politik, die Frauen und Männer gleich behandelt, ist ein wichtiger Beitrag zur Bekämpfung sexueller Belästigung. Ihr Mitarbeiterstab und insbesondere Ihre männlichen Mitarbeiter sollten sich bewusst sein, dass Frauen im Betrieb ein Recht auf Gleichstellung haben. Sie müssen merken, dass eine Mitarbeiterin nicht nur Frau ist, sondern eine Kollegin, mit der sie eine gleichberechtigte Arbeitsbeziehung unterhalten können, und dass eine Frau eine Führungsposition erlangen kann, ohne dass sie dafür ihren Charme ausspielen muss. Es liegt uns fern, die Geschlechtsunterschiede abschaffen oder den Flirt am Arbeitsplatz verbieten zu wollen, aber man sollte unterscheiden zwischen gelebter Gleichberechtigung, die dazu führt, dass Frauen und Männer die gleiche berufliche Anerkennung erhalten, und sexueller Anziehung, bei der die andere Person (Frau oder Mann) respektiert wird. Die Mitarbeiterinnen ihrerseits können von einer Antidiskriminierungspolitik nur profitieren; sie gewinnen Selbstvertrauen und sind dadurch besser in der Lage, ein Verhalten, das ihnen unangenehm ist oder sie bedroht, zurückzuweisen.

4.5.3 Klare Pflichtenhefte für die Mitarbeitenden

Belästigung ist oft die Folge einer unklaren Verteilung von Aufgaben und Zuständigkeiten. Wenn die Arbeit unklar organisiert ist, sind Kompetenzüberschreitungen leicht möglich. Wie viele Frauen werden von Männern belästigt, die ihre Stellung missbrauchen und den Frauen vorspiegeln, sie brauchten ihre Hilfe bei der Arbeit? Ein klares Pflichtenheft könnte dies verhindern. Und es ist offensichtlich, dass eine Arbeitsteilung mit klar abgegrenzten Aufgabenbereichen zum reibungslosen Funktionieren des Unternehmens beiträgt: Die Mitarbeitenden werden von widersprüchlichen Anweisungen verschont, was zusätzlichen Stress und Störungen der Arbeitsabläufe verhindert.

Was Personen, die Opfer sexueller Belästigung beraten und unterstützen, beachten müssen

5

Dieses Kapitel richtet sich an Personen, die für die Beratung und Unterstützung von Opfern sexueller Belästigung zuständig sind. Es beschreibt deren Pflichtenheft und die für die Erfüllung dieser Aufgabe erforderlichen Fähigkeiten. Es schlägt zudem Strategien zur Unterstützung der Beschwerde führenden Person und zur Führung des Gesprächs mit der beschuldigten Person vor.

5.1 Eigenschaften und Fähigkeiten der Vertrauenspersonen

Verschiedene Unternehmen haben eine oder mehrere Personen bestimmt, die Opfer sexueller Belästigung beraten und unterstützen sollen. Der Gesamtarbeitsvertrag der Schweizerischen Uhren- und Mikrotechnikindustrie[1] zum Beispiel empfiehlt, in jedem Betrieb mit über 50 Personen eine Vertrauensperson zu ernennen, die entweder aus dem Betrieb selbst oder von aussen kommen kann. Diese Person wird von den Gewerkschaften und vom Betrieb gemeinsam bestimmt.

In der Praxis wird die Vertrauens- oder Ansprechperson, wie man sie auch nennt, gemeinsam von der Unternehmensleitung und von der Gewerkschaft bestimmt – sofern diese vom Unternehmen als Partner anerkannt wird. Die Vertrauensperson hat die Aufgaben, die Opfer sexueller Belästigung zu unterstützen und zu beraten. Ideal wäre, wenn man auf die Dienste der Vertrauensperson verzichten könnte und Kaderleute das Problem selbst lösen. Dies ist aber nicht immer realisierbar, besonders dann nicht, wenn der Täter ein direkter oder indirekter Vorgesetzter des Opfers ist. Zudem sind Fälle von sexueller Belästigung oft schwer zu handhaben: Kaderleute können sich überfordert fühlen und haben nicht immer die nötige Distanz, um den Fall anzugehen.

Es geht darum, die Vertrauensperson als zusätzliche Ressource zu betrachten, die wenn nötig Hilfe und Unterstützung leistet, wenn das Opfer darum ersucht. Personen, die sich beschweren wollen, ziehen es oft vor, sich statt an Vorgesetzte an eine «neutralere» Person zu wenden. Die Bezeichnung einer Vertrauensperson oder einer Instanz, die diese Aufgabe übernimmt, berechtigt Kaderleute und die Unternehmensleitung aber nicht dazu, sich ihrer Verantwortung zu entziehen.

[1] Gesamtarbeitsvertrag der Schweizerischen Uhren- und Mikrotechnikindustrie zwischen dem Arbeitgeberverband der Schweizerischen Uhrenindustrie und der Gewerkschaft Industrie, Gewerbe, Dienstleistungen (SMUV) vom 1. Januar 2002, Art. 25.1 bis 25.4.

Erfahrungsgemäss ist es wichtig, dass die Vertrauensperson nicht Teil der Unternehmenshierarchie (Personaldienst, Dienstchef, Unternehmensleitung usw.) ist, da sonst die Opfer, besonders wenn der Belästiger ein Vorgesetzter ist, es nicht wagen, sich zu beschweren. Wie auch immer die gewählte Lösung ausfällt, es ist wichtig, dass die Vertrauensperson oder die Vertrauenspersonen – es kann sich auch um eine Kommission handeln – das Vertrauen der Mitarbeiterinnen und Mitarbeiter sowie der Gewerkschaft geniessen und dass sie von der Unternehmensleitung die Befugnis erhalten, einzuschreiten. Auf keinen Fall darf den Mitarbeitenden eine Person aufgezwungen werden, die auf Grund ihrer Funktion oder ihrer Persönlichkeit nicht deren Vertrauen geniesst, denn diese würde dann im konkreten Fall nicht zu Rate gezogen. Schliesslich müssen die Ratsuchenden sicher sein können, dass ihre Klage nicht vergeblich ist und dass sie damit nicht ihre Stelle aufs Spiel setzen, sonst werden sie das Risiko einer Beschwerde nicht eingehen. Wenn die Vertrauenspersonen den Opfern nicht zusichern können, dass ihr Anliegen behandelt wird und dass keine Vergeltungsmassnahmen ergriffen werden, ist ihre Einsetzung sinnlos und dient nur als Alibi. Die Unternehmensleitung muss also den Vertrauenspersonen und deren Urteilsvermögen in konkreten Situationen gleichermassen vertrauen können.

5.1.1 Wie wählt man die Vertrauensperson aus?

Die Vertrauensperson kann Mitarbeiterin oder Mitarbeiter des Unternehmens sein oder eine Person von ausserhalb, die vom Unternehmen mit dieser Aufgabe betraut wird. Es kann sich auch um eine Kommission oder um eine Instanz handeln, die für mehrere Betriebe zuständig ist.

5.1.1.1 Mitarbeitende

Die bezeichnete Person kann Mitarbeiterin oder Mitarbeiter des Unternehmens sein (MitarbeiterIn des Sozialdiensts, ZuständigeR für das Krankenzimmer, GewerkschaftsvertreterIn, Mitglied der Personalkommission, GleichstellungsbeauftragteR usw.).

Auf Grund der Eigenschaften, die sie für ihre Stelle mitbringen müssen, können auch Sozialarbeiter oder Krankenschwestern eines Unternehmens für diese Aufgabe geeignet sein. Sie haben Erfahrung damit, Menschen zu unterstützen, und verfügen in der Regel über gute Kenntnisse der bestehenden Hilfsangebote. Zudem gewährleisten sie eine gewisse «Neutralität», da sie im Betrieb eine ganz andere Funktion haben als alle anderen Mitarbeiter.

Gleichstellungsbeauftragte sind für diese Funktion ebenfalls geeignet, denn sie erfordert eine besondere Sensibilisierung für Gleichstellungsfragen.

Gewerkschaftsvertreter oder Mitglieder der Personalkommission haben den Vorteil, dass sie im Allgemeinen das Vertrauen der Mitarbeiterinnen und Mitarbeiter geniessen.

Die Person bzw. die Personen müssen in Bezug auf die Bedürfnissen des Unternehmens und die Wünsche der Mitarbeitenden ausgewählt werden.

5.1.1.2

Betriebsexterne Personen

Eine andere Lösung ist, eine betriebsexterne Person (BeraterIn, ArbeitspsychologIn usw.) zu beauftragen. Externe haben den Vorteil, dass Interessenkonflikte vermieden werden. Manchmal können Konflikte nicht gelöst werden, weil Mitarbeitende aus dem Unternehmen, die Beschwerden behandeln müssen, mit der beschuldigten Person in einer beruflichen oder persönlichen Beziehung stehen und sie daher decken. Eine unternehmensexterne Vertrauensperson verfügt aber umgekehrt nicht über direkte Kenntnisse des Unternehmens. In diesem Fall sollte sie sich vor Aufnahme ihrer Tätigkeit mit den Gepflogenheiten im Unternehmen vertraut machen.

5.1.1.3

Kommission

Eine dritte Möglichkeit ist die Ernennung einer Kommission, die sich aus Personalvertreterinnen und -vertretern zusammensetzt. Diese Lösung hat den Vorteil, dass sie der betroffenen Person die Möglichkeit gibt, sich an die Person zu wenden, die ihr am besten passt. Zudem besteht bei einem Dossier, das von einer ganzen Gruppe behandelt wird, weniger die Gefahr, dass es in der Schublade verschwindet; damit ist eher gewährleistet, dass der Konflikt gelöst wird.

5.1.1.4

Eine Instanz für mehrere Betriebe

Kleine Betriebe haben nicht immer die erforderlichen finanziellen und personellen Mittel, um die gleichen Verfahrensmöglichkeiten wie grosse Unternehmen einzuführen. Zudem ist die Vertraulichkeit nicht gewährleistet. Kleine Unternehmen, die in der gleichen Branche tätig sind oder ihren Standort in der gleichen Region haben, können ihre Ressourcen zusammenlegen, eine gemeinsame Politik ausarbeiten und Beraterinnen oder Berater bezeichnen, die für mehrere Standorte zuständig sind.[2] Vertreter aller beteiligten Firmen bilden eine Kommission, deren Mitglieder sich gegenseitig unterstützen, oder es kann eine Person von ausserhalb beauftragt werden. Mit diesem Vorgehen können alle Unternehmen von der gemeinsamen Arbeit und den Personalressourcen profitieren.

5.1.1.5

Frei gewählte Person

In Unternehmen, die keine Person oder Instanz bezeichnet haben, sollte sich das Opfer an eine unternehmensinterne oder -externe Person wenden dürfen, die es berät und allenfalls auch unterstützt. Dies kann zum Beispiel eine Arbeitskollegin oder ein Arbeitskollege sein, eine Anwaltsperson, ein Verband, eine Gewerkschaft oder ein Gleichstellungsbüro. In Fällen, wo die offizielle Vertrauensperson

[2] Man kann sich dabei auf die Erfahrung des «Service social inter-entreprises» in Genf stützen, der im Moment sieben Unternehmen umfasst und Mitarbeiterinnen und Mitarbeitern bei Schwierigkeiten zur Verfügung steht.

befangen ist und wegen Interessenkonflikten oder einseitiger Parteinahme für den Belästiger der sich beschwerenden Person nicht garantieren kann, dass ihr Fall gewissenhaft behandelt wird, sollte diese sich ebenfalls an eine Person ihres Vertauens wenden können.

5.1.2 Geschlecht der Vertrauensperson

Wenn bei der Wahl einer Beratungsinstanz nur eine Person bezeichnet wird, ist eine Frau vorzuziehen. Wie in Kapitel 1 erwähnt (siehe *1.3 Die Opfer),* sind die meisten Opfer sexueller Belästigung Frauen. Diese schämen sich oft für das, was ihnen widerfährt, und sprechen nicht gerne darüber. Wegen der Art der erlittenen Übergriffe fällt es ihnen schwerer, sich an einen Mann zu wenden. Wo es nicht möglich ist, eine Frau zu finden, muss sich eine Beschwerde führende Frau von einer Frau begleiten lassen können, oder die Vertrauensperson muss die Präsenz einer Drittperson weiblichen Geschlechts verlangen können. Die gleiche Möglichkeit muss bestehen, wenn die sich beschwerende Person ein Mann ist und die Vertrauensperson eine Frau. Aus den gleichen Gründen ist bei der Bestellung einer Kommission oder einer Instanz für mehrere Betriebe darauf zu achten, dass mindestens zwei Drittel Frauen sind.

5.1.3 Funktion

Name, Adresse und Telefonnummer der beratenden Person oder Personen sollten allen Mitarbeiterinnen und Mitarbeitern bekannt sein. Sie sollten täglich direkt erreichbar sein. Sie sollten auch die Möglichkeit anbieten, eine Beschwerde telefonisch entgegenzunehmen, da das Opfer in gewissen Fällen nicht will, dass man es erkennt. Das heisst, die Vertrauenspersonen sollten über einen ruhigen Ort (Raum) verfügen, wo sie Anrufe selbst entgegennehmen können, ohne dass sie gestört werden, und wo sie die Beschwerde führenden Personen empfangen können, ohne dass diese von den andern Mitarbeiterinnen und Mitarbeitern gesehen werden.

Zum Pflichtenheft der beratenden Person gehört, dass sie alle, die dies wünschen (Opfer, Dritte, Unternehmenshierarchie), unter Wahrung der Vertraulichkeit anhört, berät und unterstützt. Die beschuldigte Person kann die Vertrauensperson ebenfalls zu Rate ziehen, wenn sie Hilfe bei der Änderung ihres Verhaltens wünscht. Wenn das Opfer dies wünscht, interveniert die Vertrauensperson direkt bei der beschuldigten Person, um ihr klarzumachen, dass ihr Verhalten nicht erwünscht ist. Sie sollte auch Massnahmen zur Wiederherstellung eines normalen Arbeitsklimas ergreifen und der Unternehmenshierarchie alle erforderlichen Empfehlungen zur Lösung des Problems machen können.

5.1.4 Eigenschaften

Die beratende Person sollte eine angemessene Einführung in das Thema der sexuellen Belästigung erhalten und die Politik des Unternehmens und die gesetzlichen Vorschriften in diesem Bereich kennen.

Die Aufgabe der beratenden Person ist wichtig und erfordert von der Person, die sie ausübt, verschiedene Eigenschaften und Fähigkeiten: Sie sollte liebenswürdig, zugänglich, aufmerksam, tolerant, diskret, motiviert und frei von sexistischen Vorurteilen sein. Zudem sollte sie von der Notwendigkeit einer Politik zur Verhinderung sexueller Belästigung überzeugt sein. Sie sollte sich auch in die Opfer einfühlen können, Erfahrung in Gesprächsführung haben und über gute Kenntnisse der Hilfsangebote der Region verfügen (Opferhilfestelle, Gleichstellungsbüro, Frauengruppen, Sozialdienste usw.).

5.2 Pflichtenheft

Die Rolle der Vertrauensperson besteht darin, Lösungen zu finden, mit denen sich die Situation nicht noch verschlechtert. Ihre Aufgabe ist heikel und erfordert Fingerspitzengefühl und diplomatisches Geschick; sie muss zudem alles, was Rat suchende Personen ihr erzählen, vertraulich behandeln. Wenn sie vom Vorliegen sexueller Belästigung überzeugt ist, muss sie das Opfer unterstützen und dem Belästiger klar machen, dass sein Verhalten nicht erwünscht ist und dass er sich anders verhalten muss, wenn er nicht streng bestraft werden will. Sie wacht auch darüber, dass der Konflikt wirklich gelöst wird und dass das Opfer nicht Vergeltungsmassnahmen ausgesetzt ist. Die Aufgaben der Vertrauensperson gliedern sich in mehrere Phasen: einerseits eine Phase des Zuhörens, der Information und der Unterstützung, andererseits eine Phase der Intervention, in der zum Beispiel die beschuldigte Person und/oder der bzw. die direkte Vorgesetzte vorgeladen wird, um eine einvernehmliche Lösung zu finden. Wenn keine Lösung gefunden werden kann und sich der Konflikt verschärft, sollte das Dossier an die Unternehmensleitung weitergeleitet werden.

5.2.1 Zuhören

Bevor sie irgendwelche Massnahmen ergreift, sollte die beratende Person

- die Rat suchende Person so bald als möglich empfangen, im Idealfall nicht später als 48 Stunden nach der ersten Kontaktnahme;
- jeder Rat suchenden Person und jeder Person, die sich wegen einer Drittperson beraten lässt, zuhören und ihr Unterstützung anbieten;
- jede Aussage und Beschwerde wegen Belästigung ernst nehmen, auch wenn sie von einer Drittperson gemeldet wird.

5.2.2 Information

Die Vertrauensperson kennt die Politik des Unternehmens und die gesetzlichen Bestimmungen zu sexueller Belästigung und verfügt über gute Kenntnisse der bestehenden Hilfsangebote, so dass sie

- die Rat suchende Person über das informelle und formelle Beschwerdeverfahren informieren kann;

- das Opfer nötigenfalls an Fachdienste verweisen kann;
- die betroffene Person je nach Bedarf an die kantonale Schlichtungsstelle[3] oder das kantonale Arbeitsinspektorat verweisen kann (das Arbeitsinspektorat ist für die Einhaltung des Arbeitsgesetzes zuständig).

5.2.3 Unterstützung

Da der Konflikt möglichst rasch gelöst werden sollte, erwägt die Vertrauensperson zuerst mit dem Opfer, wie dieses selbst handeln und dem Belästiger klarmachen kann, dass sein Verhalten nicht erwünscht ist. Wenn das Opfer nicht in der Lage ist, selbst zu handeln, schlagen Sie ihm vor, dass Sie es vertreten. In jedem Fall helfen Sie der betroffenen Person,

- die Ereignisse chronologisch zu schildern, um eine klarere Sicht des Problems zu erhalten;
- wieder Vertrauen zu schöpfen und ihr Selbstbewusstsein zu stärken;
- darüber nachzudenken, wie sie die Belästigung stoppen kann;
- Massnahmen zu identifizieren, dank denen die betroffene Person arbeiten kann, ohne belästigt zu werden.

5.2.4 Intervention bei der beschuldigten Person

Manchmal reichen die Massnahmen, die Sie mit der Beschwerde führenden Person geplant haben, nicht aus. Wenn das Opfer Sie darum bittet oder mit Ihrem Vorschlag einverstanden ist, sollten Sie bei der beschuldigten Person einschreiten und dieser klar machen, dass ihr Verhalten unpassend ist.

Wenn die beschuldigte Person den entwürdigenden Charakter ihres Verhaltens zugibt, besteht Ihre Rolle darin zu bewirken, dass die sexuelle Belästigung so schnell wie möglich aufhört und keine gravierenderen Auswirkungen hat. Ihre Aufgabe ist es,

- darauf hinzuwirken, dass der Täter sich beim Opfer, möglichst schriftlich, entschuldigt;
- konkrete Massnahmen festzulegen, um den Konflikt zu entschärfen;
- die betroffene Person über die Ergebnisse des Gesprächs mit dem Belästiger zu informieren und abzuklären, ob sie mit den geplanten Massnahmen einverstanden ist; andernfalls muss die Situation neu beurteilt und müssen neue Vorschläge erarbeitet werden;
- ein Dokument zu erstellen, das die zu ergreifenden Massnahmen aufzählt und in dem der Täter sich verpflichtet, jedes sexuell belästigende Verhalten einzustellen und keine Vergeltungsmassnahmen zu ergreifen; dieses Dokument ist vom Belästiger und von der Vertrauensperson gemeinsam zu unterzeichnen;

[3] Seit dem Inkrafttreten des Bundesgesetzes über die Gleichstellung von Frau und Mann müssen die Kantone über Schlichtungsstellen verfügen, die versuchen, eine Einigung zwischen den Parteien herbeizuführen (Art. 11 GIG).

- dafür zu sorgen, dass die beschlossenen Massnahmen auch umgesetzt werden, dass die sexuelle Belästigung aufhört und dass das Opfer keinen Vergeltungsmassnahmen ausgesetzt ist.

In Kapitel 3 (siehe *3.3.6.2 Mediation*) haben wir erwähnt, dass Mediation nur selten ein geeignetes Instrument zur Lösung des Problems ist. In einem Mediationsverfahren machen beide Parteien einen Schritt aufeinander zu, um eine Lösung zu finden; dies führt im Allgemeinen zur gemeinsamen Unterzeichnung eines Dokuments, in dem die Pflichten der beiden Parteien festgelegt sind. Bei sexueller Belästigung gibt es aber einen Täter und ein Opfer, und das ist eine Ausgangslage, die sich für Mediation nicht eignet. **Das Opfer kann nicht verantwortlich gemacht werden für das, was ihm zustösst; man kann ihm nicht eine Handlung vorwerfen, die es nicht gewünscht hat.** Es wird ihm etwas aufgezwungen, und es kann oft nichts tun, um der sexuellen Belästigung Einhalt zu gebieten. Der Täter schuldet dem Opfer Wiedergutmachung, das Opfer schuldet dem Täter nichts. Das ist einer der Gründe, warum Mediation bei sexueller Belästigung an ihre Grenzen stösst, ausser die sich beschwerende Person bittet ausdrücklich darum. In einem solchen Fall ist sie natürlich über die Bedingungen eines solchen Verfahrens zu informieren. Zudem kann man den Parteien wegen des Machtgefälles zwischen ihnen nicht vorschlagen, das Dokument zur Beendigung ihres Konflikts gemeinsam zu unterzeichnen. Nur der Täter und die Vertrauensperson sollten es unterzeichnen. Die Vertrauensperson verpflichtet sich damit, natürlich im Rahmen der Mittel, die ihr die Unternehmensleitung zur Verfügung stellt, die Rechte des Opfers zu schützen und darüber zu wachen, dass die vereinbarten Massnahmen eingehalten werden.

5.2.5 Intervention bei den direkten Vorgesetzten

Unter gewissen Umständen muss die Vertrauensperson bei den direkten Vorgesetzten intervenieren, damit diese zur Lösung des Konflikts beitragen. Wie schon erwähnt, führt sexuelle Belästigung häufig zu Spannungen und Unruhe innerhalb der Abteilung. Deshalb können die Vorgesetzten von der Vertrauensperson gebeten werden, die sexuelle Belästigung so rasch wie möglich stoppen zu helfen.

5.2.6 Intervention bei der Unternehmensleitung

Wenn die Vermittlung scheitert oder der Täter sich schwer wiegende Vergehen zu Schulden kommen lässt, sollte die Vertrauensperson

- die Rat suchende Person dazu ermutigen, ein internes Beschwerdeverfahren einzuleiten;
- die Beschwerde mit einem Bericht über die unternommenen Schritte und deren Ergebnisse an die Unternehmensleitung weiterleiten;
- Empfehlungen zur Regelung des Konflikts abgeben;
- mit der Unternehmenshierarchie (Unternehmensleitung, Perso-

naldienst, Kaderleuten usw.) zusammen versuchen, der sexuellen Belästigung ein Ende zu setzen;
- dafür sorgen, dass der Konflikt geregelt wird und dass der Beschwerde führenden Person daraus keine Nachteile erwachsen.

5.3 Wie hilft man einem Opfer sexueller Belästigung?

Die Opfer sexueller Belästigung schweigen oft. Wie kann man ihnen helfen, das Schweigen zu brechen? Man sollte alles unternehmen, damit sie sich beschweren können, ohne dies später zu bereuen; man sollte sie in ihrem Vorgehen unterstützen und ihnen einen Rahmen bieten, in dem sie sich voller Vertrauen äussern können, ohne dass sie das Gefühl bekommen, sie würden verurteilt.

5.3.1 Die Glaubwürdigkeitsvermutung

Der Weg für Personen, die sich über sexuelle Belästigung beschweren wollen, ist im Allgemeinen ein solches Hindernisrennen,[4] dass sie häufig auf eine Beschwerde verzichten: Das Wort des Belästigers hat oft mehr Gewicht als das der belästigten Frau; die Täter stehen selten zu ihren Taten; die Beschwerde führenden Personen werden von ihren Kollegen aus Angst vor Vergeltung kaum unterstützt; es liegt in der Natur der Sache, dass es nur selten Zeugen gibt, und wo Zeugen vorhanden sind, ziehen sie es aus Angst vor Vergeltung vor, Unwissen vorzuschützen; schliesslich riskieren die Beschwerde führenden Personen Vergeltungsmassnahmen (Entlassung, Versetzung, Entzug von Aufgaben, verstärkte Kontrollen, psychischer Druck usw.). Die Opfer zögern deshalb zu sagen, was ihnen angetan wurde, oder den Täter zu beschuldigen: Sie glauben, es bringe ihnen nichts, sich zu beklagen, da ihre Aussage angezweifelt und auf Unverständnis stossen würde; sie fürchten den Wirbel, den sie verursachen, und den Vorwurf, sie machten viel Lärm um ein Problem, das «nicht der Rede wert» ist; im Allgemeinen möchten sie dem Täter keinen Ärger machen und seine Karriere nicht gefährden, besonders wenn dieser Familie hat; sie schämen sich auch, da sie sich für das Geschehene und dafür, dass sie sich nicht verteidigen konnten, mitverantwortlich fühlen; schliesslich haben sie Angst vor Vergeltungsmassnahmen, insbesondere wenn die sexuelle Belästigung von einem Vorgesetzten ausgeht. Wenn möglich ziehen sie es vor zu kündigen, statt sich einem solchen Spiessrutenlaufen auszusetzen.

Eine Beschwerde ist kein Spaziergang, im Gegenteil. Wenn sich die Betroffenen diese schmerzhafte Prüfung ersparen könnten, würden sie dies ohne zu zögern tun. Die Untersuchung von Beschwerden über sexuelle Belästigung ist noch oft von Vorurteilen bestimmt (siehe *1.5 Die Vorurteile*). Eine Beschwerde wird also eher daraufhin untersucht, welche Gründe eine Frau dazu bewogen haben könn-

---

[4] Comité contre le harcèlement sexuel, *Harcèlement sexuel au travail. Actes de la table ronde du 13 novembre 1991*, Genf, 1992, S. 4/5.

ten, sie einzureichen, als dass Indizien oder relevante Beweiselemente für die sexuelle Belästigung und die Schuld der beschuldigten Person gesucht werden. Dieses Vorgehen benachteiligt die sich beschwerende Person, da sie damit de facto für schuldig erklärt oder als rachsüchtige Lügnerin bezeichnet wird; gleichzeitig erscheint die beschuldigte Person als unschuldiges Opfer einer falschen Anschuldigung.

Um dieser Diskriminierung entgegenzuwirken, sollten die Vertrauenspersonen davon ausgehen, dass eine Person, die sich beraten lässt, sich informiert oder sich über sexuelle Belästigung beschwert, grundsätzlich die Wahrheit sagt. Die sich beschwerende Person hat mehr zu verlieren als zu gewinnen; sie hat deshalb kein Interesse daran, jemanden fälschlich der Belästigung zu bezichtigen – vergessen Sie nicht, dass sie ihre Anstellung riskiert. Sicher, es kann nicht ausgeschlossen werden, dass jemand eine falsche Anschuldigung macht, aber Sie werden dies auf jeden Fall merken, wenn Sie der Sache auf den Grund gehen. Gegebenenfalls müssen dann gegen diese Person Sanktionen ergriffen werden. Sie sollten sich aber entscheiden: Glauben Sie der Person, die sich bei Ihnen beschwert, aus Prinzip und riskieren Sie dabei eine falsche Anschuldigung – Falschbezichtigungen sind wie erwähnt sehr selten –, oder ignorieren Sie eine Beschwerde zu Gunsten der Unschuldsvermutung gegenüber der beschuldigten Person.

Solange sexistische Vorurteile über sexuelle Belästigung fraglos weitergegeben werden, ist die Glaubwürdigkeitsvermutung gegenüber der Beschwerde führenden Person immer noch das beste Mittel, um sexuelle Belästigung in Ihrem Unternehmen wirksam zu bekämpfen. Die Opfer werden Ihnen dankbar sein, denn sie werden oftmals nicht nur belästigt, sondern haben auch noch Mühe, als Opfer anerkannt zu werden; sie werden so doppelt bestraft. Zudem kann dank einer klaren Haltung das Problem rascher gelöst werden. Sicher, Sie können auch die entgegengesetzte Haltung einnehmen und sich damit brüsten, dass es in Ihrem Unternehmen keine sexuelle Belästigung gibt. Aber Achtung: Wiegen Sie sich nicht in Sicherheit, nur weil keine Beschwerden eingehen! Hinter der Mauer des Schweigens können sich Dramen abspielen. Und vergessen Sie nicht, dass ein schlecht oder gar nicht gelöster Konflikt sehr schnell wieder aufbrechen kann.

5.3.2 Förderung des Selbstvertrauens der betroffenen Person

Wer belästigt wird, verliert im Allgemeinen an Selbstvertrauen. Zudem fühlt sich die betroffene Person oft mitschuldig für das, was ihr widerfährt, fragt sich, was sie wohl getan hat, um die Belästigung auf sich zu ziehen, und erträgt vor allem den Gedanken nicht, dass sie die Belästigung nicht stoppen konnte. In solchen Momenten ist sie besonders verwundbar: Dem Belästiger ist es gelungen, sie zu verunsichern und die Zuverlässigkeit ihrer eigenen Wahrnehmungen in Zweifel zu ziehen.

Sie sollten alles daransetzen, der betroffenen Person wieder Selbstvertrauen zu geben, ihr zu versichern, dass sie für das Erlittene nicht verantwortlich ist und das Recht hat, in einem belästigungsfreien Klima zu arbeiten, wie es das Bundesgesetz über die Gleichstellung von Frau und Mann (GIG) klar vorschreibt. Diese Aufgabe braucht Zeit, manchmal Wochen, und ist nicht immer dankbar. Die betroffene Person zögert, sie weiss nicht, ob sie wirklich gegen die Belästigung vorgehen will, sie wirkt ambivalent, während Sie gern hätten, dass das Verfahren in Ihrem Tempo abläuft. In gewissen Fällen empfiehlt es sich, die betroffene Person mit ihrer Zustimmung an eine Stelle zu verweisen, die sie psychologisch unterstützen kann. Ihre Aufgabe ist damit aber nicht getan: Das Problem, über das sich die betroffene Person beschwert, besteht am Arbeitsplatz weiter.

5.3.3 Gesprächstechniken

Wie führt man ein Gespräch mit einer Beschwerde führenden Person? Wir schlagen Ihnen nachfolgend einen Frageraster[5] vor, mit dem Sie das Gespräch lenken und auf das Wesentliche beschränken können.

- Sagen Sie mir, was passiert ist.
- Wann und wo ist es passiert?
- Ist das schon öfters vorgekommen, oder war es das erste Mal?
- Was konnten Sie in dem Moment (in diesen Momenten) sagen oder machen?
- Um wen geht es? (Insistieren Sie am Anfang nicht, wenn die Rat suchende Person den Namen des Täters nicht nennen will.)
- Glauben Sie, dass auch andere Personen davon betroffen sind?
- Hat jemand etwas gesehen oder gehört?
- Haben Sie mit jemandem darüber gesprochen (Kollege/Kollegin, Freund/Freundin, Familie, Arzt/Ärztin usw.)?
- Haben Sie zu diesen Vorfällen Notizen gemacht?
- Leiden Sie unter der Situation? (um ermessen zu können, wie gravierend die Auswirkungen sind)
- Hat sich dies auf Ihre Arbeit, Ihre Beziehungen zu Kollegen, Ihr Privatleben ausgewirkt?

Es geht nicht darum, ein Verhör zu führen. Vermeiden Sie Kommentare oder Werturteile sowie Fragen, die als Schuldzuweisungen an die Hilfe suchende Person verstanden werden können; diese braucht schon so enorm viel Kraft, um sich Ihnen anzuvertrauen. Nehmen Sie die Situation ernst, und wappnen Sie sich mit Geduld. Die Situation kann emotional geladen sein, und die Person braucht eventuell Zeit, um sich zu beruhigen, bis es ihr gelingt, auszudrücken, was passiert ist. Sie braucht auch Ihre ganze Aufmerksamkeit; Sie dürfen sie auf keinen Fall zwischen zwei wichtigen Terminen empfan-

[5] Mehrere der Fragen stammen aus C. Herbert, *Eliminating sexual harassment at work,* David Fulton Publishers, London, 1994.

gen oder sich ständig vom Telefon oder von Besuchern stören lassen. Kümmern Sie sich sowohl um das Wohlbefinden der betroffenen Person wie auch um Ihr eigenes. Die Hilfe suchende Person muss merken, dass Sie für sie da sind, offen für ihr Anliegen sind und dass Sie ihr glauben. Sonst verschliesst sie sich unweigerlich. Es kann sein, dass die beschuldigte Person Ihnen nahe steht; in solchen Fällen ist es besser, wenn Sie den Fall einer anderen, vom Unternehmen ausgewählten Person anvertrauen.

Nach Abschluss der Anhörungsphase sollten Sie über eine genaue und wenn möglich chronologische Beschreibung der Vorfälle verfügen. Dieses Ziel ist schwer zu erreichen, denn das Opfer ist wahrscheinlich durcheinander, weil ihm die Situation peinlich ist. Übereilen Sie nichts, und helfen Sie der betroffenen Person gegebenenfalls, den roten Faden zu finden, indem Sie bei Unklarheiten nachfragen.

Anschliessend sollten Sie die betroffene Person über ihre Rechte informieren; geben Sie ihr ein Exemplar des Unternehmensreglements, wenn es eines gibt, sowie alle nötigen Angaben zu den gesetzlichen Bestimmungen. Geben Sie ihr auch die Adressen von Stellen, die ihr helfen könnten.

Schliesslich sollten Sie mit der betroffenen Person nach Wegen suchen, wie sie der sexuellen Belästigung ein Ende setzen könnte. Zeigen Sie ihr Handlungsmöglichkeiten auf, aber drängen Sie sie nicht, Dinge zu tun, die sie nicht tun möchte. Vielleicht ist sie nicht in der Lage, etwas zu unternehmen, weil die Situation so verfahren ist. Fragen Sie in diesem Fall die betroffene Person, ob sie damit einverstanden ist, dass Sie selbst intervenieren. Schildern Sie ihr genau, was Sie zu tun gedenken, und denken Sie daran, dass sie andere Vorstellungen haben könnte.

Ein zweites Gespräch zur Überprüfung der verschiedenen Massnahmen, die die Hilfe suchende Person oder Sie selbst ergriffen haben, wird sicher notwendig sein. Wenn die sexuelle Belästigung nicht aufgehört hat, sollte sich die belästigte Person überlegen, ob sie eine unternehmensinterne Beschwerde einreichen will, was bedeutet, dass eine Untersuchung zur Ermittlung des Sachverhalts durchgeführt werden muss. In Fällen, die Sie als gravierend einschätzen, können Sie das Dossier mit Einwilligung der Hilfe suchenden Person an die Unternehmensleitung weiterleiten. Manchmal ist es notwendig, die Rat suchende Person von diesem Schritt zu überzeugen, im Zweifelsfall dürfen Sie jedoch nichts ohne ihre Einwilligung unternehmen, um Ihre Vertrauensstellung nicht aufs Spiel zu setzen.

5.4 Wie führt man das Gespräch mit der beschuldigten Person?

Wenn Sie von der Schuld der beschuldigten Person überzeugt sind, sollten Sie diese dazu bringen, ihr Verhalten zu ändern und jede sexuelle Belästigung einzustellen.

5.4.1 Vermittlungsrolle

Als Vertrauensperson haben Sie keine Entscheidungsgewalt. Sie müssen also versuchen, den Belästiger davon zu überzeugen, dass es in seinem Interesse ist, auf Ihren Vorstoss einzugehen und die Verantwortung für sein Handeln zu übernehmen, bevor die Unternehmensleitung das Dossier erhält oder eine Untersuchung einleitet. Eine Untersuchung erfordert die Anhörung beider Parteien sowie der verschiedenen Zeugen und führt dazu, dass die Vertraulichkeit aufgehoben wird, das Risiko von Gerüchten steigt und Sanktionen ausgesprochen werden, die je nach Schwere des Vergehens bis zur Entlassung gehen können. Auch wenn Sie den Täter nicht bestrafen können, können Sie ihm doch empfehlen, sich, möglichst schriftlich, beim Opfer zu entschuldigen. Sie sollten die Person nicht verurteilen, auch keine Untersuchung durchführen, sondern ihr Vertrauen gewinnen mit dem Ziel, eine Verhaltensänderung zu erreichen.

Wir schlagen Ihnen einige Grundsätze[6] für das Gespräch mit der beschuldigten Person vor:

- Gehen Sie davon aus, dass die Beschwerde eine Behauptung ist.
- Nehmen Sie keine anklagende Haltung ein, sondern gehen Sie so vor, dass ein Erkenntnisprozess möglich wird.
- Vermeiden Sie es, einen sarkastischen oder moralisierenden Ton anzuschlagen.
- Informieren Sie die beschuldigte Person über die Beschwerden gegen sie.
- Hören Sie die Version der beschuldigten Person an.
- Wenn die Person den Sachverhalt zugibt, machen Sie ihr klar, dass ihr Verhalten nicht akzeptabel ist, und erinnern Sie sie an die Bestimmungen des Unternehmensreglements sowie an Artikel 4 des Bundesgesetzes über die Gleichstellung von Frau und Mann (GlG), der sexuelle Belästigung verbietet.
- Ermutigen Sie die Person, Lehren aus diesen Vorfällen zu ziehen.
- Schlagen Sie ihr verschiedene Formen der Wiedergutmachung vor:
  - eine Entschuldigung, möglichst schriftlich;
  - das Versprechen, dass das Fehlverhalten nicht mehr vorkommen wird;
  - das Versprechen, etwas zur Änderung des Verhaltens zu unternehmen;
  - das Versprechen, gegen die sich beschwerende Person keine Vergeltungsmassnahmen zu ergreifen.
- Verfolgen Sie aufmerksam, was in den nächsten Wochen geschieht.

---

6 Mehrere der Grundsätze stammen aus C. Herbert, *Eliminating sexual harassment at work,* op. cit.

Was Personen, die Beschwerden untersuchen, beachten müssen 6

Dieses Kapitel richtet sich an Personen, die Beschwerden untersuchen müssen. Ihre Aufgabe ist es, den wahren Sachverhalt festzustellen. Sie erhalten eine detaillierte Anleitung, wie sie mit den zuständigen Personen eine Untersuchung durchführen und einen Bericht zuhanden der Unternehmensleitung ausarbeiten können.

6.1 Kompetenzen der Personen, die Beschwerden untersuchen

Ein formelles Verfahren ist unerlässlich. Viele Unternehmen ziehen es vor, ihre Bemühungen auf die informelle Phase zu konzentrieren, in der eher überzeugt als bestraft werden soll; sie sind der Meinung, dass die Durchführung einer Untersuchung heikel ist. Aber täuschen Sie sich nicht: Wenn Sie kein formelles Verfahren vorsehen, verliert das Reglement zur Bekämpfung der sexuellen Belästigung seinen Sinn. Warum sollten die Täter bereit sein, zu ihren Handlungen zu stehen und ihr Verhalten zu ändern, wenn sie keine Sanktionen zu befürchten haben? Wenn keine Untersuchung durchgeführt wird, können auch keine Beweise vorgelegt werden. Jedes informelle Verfahren ist wertlos, wenn die Beschwerde führende Person nicht die Gewissheit hat, dass sie allenfalls auch eine formelle Beschwerde einreichen kann. Die Möglichkeit einer Beschwerde wirkt abschreckend und somit präventiv: Indem ein Unternehmen Sanktionen vorsieht, macht es klar, dass sexuelle Belästigung verboten ist. Diebstahl oder willkürliche Sachbeschädigung werden immer bestraft. Warum sollte es bei sexueller Belästigung anders sein?

Dem formellen Verfahren muss nicht unbedingt eine informelle Phase vorausgehen. Eine Person kann eine Beschwerde einreichen, ohne sich vorher von der Vertrauensperson beraten und informieren zu lassen. Es steht ihr frei, das Ausmass des Konflikts selbst einzuschätzen und zu entscheiden, dass dieser nun lange genug gedauert hat und dass alle Klärungsversuche gescheitert sind. Für den Sanktionsentscheid ist aber die Unternehmensleitung zuständig.

6.1.1 Wer führt die Untersuchung durch?

Der Personenkreis, der eine Untersuchung durchführen kann, ist eingeschränkter als in der informellen Phase (siehe *5.3 Wie hilft man einem Opfer sexueller Belästigung?*). Es empfiehlt sich, Personen von ausserhalb des Unternehmens für die Untersuchung zu beauftragen, damit die Objektivität gewährleistet ist und interne Absprachen verhindert werden können. Die untersuchende Person darf aus demselben Grund auf keinen Fall Mitglied der Unternehmensleitung sein. Da eine Untersuchung eine hohe Arbeitsbelastung mit sich bringen und mehrere Wochen dauern kann, genügt es nicht, eine Einzelperson zu bestimmen (die Person muss verfügbar sein). Wenn mehrere Personen zur Verfügung stehen, hat das Opfer zudem eine Auswahl. Diese Lösung kommt nicht teurer, da externe Beraterinnen und Berater nach Aufwand bezahlt werden. Es ist auch möglich, für diese Aufgabe das kantonale Arbeitsinspektorat beizuziehen. Dessen Mitarbeiterinnen und Mitarbeiter haben die Möglichkeit, den Sachverhalt mit einer innerbetrieblichen Untersuchung festzustellen.[1] Das Unternehmen sollte zudem die Zustimmung der Gewerkschaft bei der Wahl der beauftragten Personen oder Dienststellen einholen.

Welches Anforderungsprofil müssen die untersuchenden Personen erfüllen? Es sollten Juristen, Anwältinnen oder andere Personen sein, die es gewohnt sind, Untersuchungen durchzuführen. Aus verständlichen Gründen kommt die Polizei nicht in Frage; es handelt sich um eine innerbetriebliche Untersuchung, bei der nichts nach aussen dringen sollte. Es ist darauf zu achten, dass mindestens zwei Drittel der Mitglieder des Untersuchungsgremiums Frauen sind, da auch die Opfer meist Frauen sind (siehe *5.1.2 Geschlecht der Vertrauensperson)*. Namen, Adressen und Telefonnummern der Personen, die für die Untersuchung von Beschwerden zuständig sind, sollten allen Mitarbeiterinnen und Mitarbeitern bekannt sein; man kann sie zum Beispiel an einem Anschlagbrett aushängen.

6.1.2 Funktion

Die Funktion der untersuchenden Personen besteht darin, die Beschwerde führende Person, die beschuldigte Person und allfällige Zeuginnen und Zeugen anzuhören. Ziel ist es, einen Bericht auszuarbeiten. Dieser sollte die Namen der befragten Personen, die gestellten Fragen und die Schlussfolgerungen enthalten, die es erlauben, das Vorliegen oder Fehlen einer sexuellen Belästigung anzunehmen. Weiter gehören Empfehlungen an die Unternehmensleitung in den Bericht.

Die untersuchenden Personen sollten eine angemessene Schulung über sexuelle Belästigung und über das Führen einer Untersuchung erhalten.

6.2 Pflichtenheft

Bei der Durchführung einer Untersuchung wegen sexueller Belästigung muss ganz besonders darauf geachtet werden, dass es der Beschwerde führenden Person oft Mühe bereitet, über das Erlittene

[1] Fomaigeat, D., Wennubst, G., *Souffrance psychologique au travail. Guide dans les méandres du harcèlement psychologique,* Conférence romande et tessinoise des offices cantonaux de protection des travailleurs, Office cantonal de l'inspection et des relations du travail, Genf, 2000, S. 60–62, 83.

zu sprechen und eine Beschwerde einzureichen. Sie befürchtet, dass man ihr nicht glauben wird. Einerseits wegen der Verteidigungsstrategie der beschuldigten Person, die oft nicht auf die Handlungen eingeht, die ihr vorgeworfen werden, sondern persönliche Überlegungen vorbringt, die nichts mit der Anschuldigung zu tun haben. Andererseits, weil Zeuginnen und Zeugen aus Angst vor Vergeltungsmassnahmen häufig schweigen oder sich mit der stärkeren Partei solidarisieren.

6.2.1 Anhörung der Beschwerde führenden Person

Diese Aufgabe erfordert viel Sorgfalt (siehe *5.3 Wie hilft man einem Opfer sexueller Belästigung?)*, da eine Person, die eine Beschwerde einreicht, oft sehr verletzlich ist. Sie findet, oft aus Scham, nicht immer die richtigen Worte, um zu beschreiben, was geschehen ist. Erleichtern Sie ihr die Aufgabe, indem Sie die Wörter erwähnen, die sie nicht sagen kann. Aber Achtung: Legen Sie ihr nicht Dinge in den Mund, die Sie hören möchten! Es kann sein, dass sie Daten verwechselt oder sich widerspricht. Diese Verwirrung ist oft Ausdruck einer Verleugnung des Geschehenen, eine normale Überlebensstrategie. Sie erinnert sich nicht unbedingt an alle Details, denn die Beschwerde erfolgt oft erst später, mehrere Monate oder manchmal sogar mehrere Jahre nach den ersten Vorkommnissen. Dieser grosse zeitliche Abstand bedeutet nicht, dass die betroffene Person am Anfang einverstanden gewesen wäre. Er zeigt vielmehr auf, dass sie es bis jetzt nicht gewagt hat, eine Beschwerde einzureichen.

Dafür gibt es viele Gründe: Manchmal traut sie ihren eigenen Wahrnehmungen nicht, weil sie nicht glauben kann, dass ihr so etwas passiert; sie fragt sich, ob sie es sich nicht einfach einbildet. Erst wenn sich die Handlungen wiederholen, kann sie an ihre Realität glauben. Zudem haben gerade Frauen eine erhöhte Toleranzschwelle, sie reden sich selber ein, dass die Sache nicht so schlimm sei. Sie schämen sich für das, was ihnen geschieht, fragen sich, was sie getan haben, um Opfer sexueller Belästigung zu werden. Sie haben das Gefühl, es sei ihr Fehler, dass sie die sexuelle Belästigung nicht stoppen können, und sie befürchten, dass ihre Umgebung das Geschehene verharmlost oder leugnet oder dass man sie dafür verantwortlich macht *(wenn du dies nicht gesagt hättest, wäre jenes nicht passiert)*. Wenn sie einen Partner haben, fürchten sie dessen Vorwürfe *(du hast es provoziert)* oder dessen Wut auf den Belästiger *(ich werde ihm die Fresse einschlagen)*. Die vielen Schwierigkeiten belasten die Betroffenen sehr, bis sie sich endlich entscheiden, eine Beschwerde einzureichen. Sie fürchten sich vor den Konsequenzen einer Anschuldigung. Sie malen sich aus, was alles passieren könnte:

- Man wirft ihnen vor, ein grosses Theater zu machen um etwas, was «nicht der Rede wert» ist.
- Man zweifelt an ihren Worten.

- Man wirft ihnen vor, dass sie nicht sofort etwas gesagt haben.
- Der Belästiger wird bestraft, obwohl es ihnen in erster Linie darum geht, arbeiten zu können, ohne belästigt zu werden.
- Sie sind Vergeltungsmassnahmen ausgesetzt.

Und schon stehen sie wieder am Ausgangspunkt eines Teufelskreises, der sie verstummen lässt: Denn je länger die betroffene Person wartet mit einer Beschwerde, um so mehr wird der Wahrheitsgehalt ihrer Aussagen in Zweifel gezogen.

Halten Sie sich immer vor Augen, dass Sie Beweise für einen Tatbestand suchen müssen und nicht die Motive ergründen, die eine Person bewogen haben, sich zu beschweren (siehe *1.5 Die Vorurteile).*

Im Übrigen hat die Beschwerde führende Person das Recht, sich bei der Anhörung von einer Person ihrer Wahl unterstützen zu lassen.

Ihre Aufgabe besteht darin,

- die Version des Tatbestands der Beschwerde führenden Person anzuhören;
- Unklarheiten zu bereinigen (die Person kann ihre Aussage auch schriftlich machen);
- ein Protokoll zu erstellen, das von der Beschwerde führenden Person akzeptiert und unterzeichnet werden sollte;
- den Untersuchungsbericht der Beschwerde führenden Person zu unterbreiten, damit sie dazu Stellung nehmen kann.

6.2.2 Anhörung der beschuldigten Person

Die klassische Verteidigungsstrategie von Belästigern beruht immer auf drei Hauptargumenten: Leugnung des Tatbestands, der ihnen vorgeworfen wird, Verharmlosung der Übergriffe und Abwälzen der Verantwortung auf das Opfer. Grundsätzlich leugnen sie die Anschuldigungen zuerst einmal pauschal. Wenn sie sie nicht leugnen können, behaupten sie, es sei eigentlich gar nicht so schlimm, sie hätten sich nichts Böses dabei gedacht, sie hätten nur Spass gemacht. Es kommt auch vor, dass sie die betroffene Person verantwortlich machen, dass sie behaupten, sie hätte keinen Sinn für Humor oder sie sei einverstanden gewesen, ja sie hätte es darauf angelegt. Sie rechtfertigen sich, indem sie Argumente anführen wie:[2]
Das stimmt nicht, sie lügt.

Ich kann nicht glauben, dass mir das passiert.
Ich machte doch nur Spass.
Aber ich wollte doch nur, dass sie sich wohl fühlt.
Ich behandle sie wie alle andern.

[2] Mehrere dieser Argumente stammen aus C. M. H. Herbert, *Countering sexual harassment,* Daniels Publishing, Cambridge.

Sie hat keinen Sinn für Humor.
Wenn sie das nicht akzeptieren kann, sollte sie nicht hier arbeiten.
Es ist wirklich Zeit, dass der Betrieb sie los wird.
Sie hat wirklich Probleme.
Kein Wunder, ist sie nicht verheiratet.
Mir tut ihr Mann leid.
Sie hatte es darauf angelegt, Sie sollten sehen, wie sie sich anzieht.
Sie ist eifersüchtig, sie will mich fertig machen.

Diese Verteidigungsstrategie ist oft erfolgreich: Die untersuchenden Personen werden von der Realität des Geschehenen abgelenkt, und ihre Aufmerksamkeit wird auf persönliche Einschätzungen der Ereignisse, der Persönlichkeit oder der Absichten des Opfers gelenkt oder darauf, was das Unternehmen tun sollte. **Versuchen Sie, sich auf das Geschehene zu konzentrieren, und lassen Sie sich nicht auf Diskussionen über die Absichten und Einschätzungen der beschuldigten Person ein.**

Wie die Beschwerde führende Person kann sich die beschuldigte Person bei der Anhörung von einer Person ihrer Wahl begleiten lassen.

Ihre Aufgabe besteht darin,
- die beschuldigte Person über die gegen sie erhobenen Anschuldigungen zu informieren;
- ihre Version des Tatbestandes anzuhören;
- Unklarheiten zu bereinigen;
- die Version des Opfers mit der Version der beschuldigten Person zu vergleichen;
- ein Protokoll zu erstellen, das von der beschuldigten Person akzeptiert und unterzeichnet werden sollte;
- den Untersuchungsbericht der beschuldigten Person zu unterbreiten, damit sie dazu Stellung nehmen kann.

6.2.3 Anhörung der Zeuginnen und Zeugen

Es gibt nur sehr selten Zeuginnen oder Zeugen, die direkt gesehen oder gehört haben, was passiert ist, oder die Äusserungen gehört haben, die der beschuldigten Person angelastet werden. Hingegen gibt es oft Personen, die Änderungen im Verhalten der Parteien festgestellt haben. Diese können als Indizien dienen und das Gesagte bestätigen oder widerlegen. Man sollte sich aber klar darüber sein, dass Zeugen, die im Unternehmen arbeiten, Angst haben können, etwas zu sagen. Sie behaupten lieber, sie wüssten nichts, oder sie schlagen sich auf die Seite des Stärkeren, normalerweise des Belästigers. Damit nehmen sie die Gefahr in Kauf, die Realität zu verzerren oder sogar eine Falschaussage zu machen und/oder das Opfer zu belasten, zum Beispiel indem sie es schlecht machen. Wie schwierig es ist, die Glaubhaftigkeit von Zeugenaussagen von Kollegen einzuschätzen, ist von den Gerichten erkannt worden.[3] In gewissen Fällen wäre es im Interesse der Aufklärung des Falls sinnvoller, die Namen der Zeugen nicht offen zu legen, solange die Rechte der Parteien dadurch nicht verletzt werden.

Ihre Rolle besteht darin,

- die Versionen der Parteien mit den Versionen der Zeuginnen und Zeugen zu vergleichen;
- Unklarheiten zu bereinigen;
- ein Protokoll zu erstellen, das von der Zeugin oder vom Zeugen akzeptiert und unterzeichnet werden sollte.

6.3 Ausarbeitung des Untersuchungsberichts zuhanden der Unternehmensleitung

Diese Phase ist sehr wichtig, denn Sie müssen den Sachverhalt feststellen und Verantwortlichkeiten benennen, damit die Unternehmensleitung oder die zuständige Instanz, im Allgemeinen die Personalabteilung, dazu Stellung nehmen und gegebenenfalls Sanktionen aussprechen kann.

6.3.1 Inhalt des Berichts

Sobald die Anhörungen abgeschlossen sind, muss ein Bericht an die Unternehmensleitung erstellt werden, auf Grund dessen entschieden werden kann, ob sexuelle Belästigung vorliegt oder nicht und wer dafür verantwortlich ist. Einerseits muss dieser Bericht den Namen des Täters oder der Täter nennen und andererseits angeben, inwieweit Kadermitarbeitende in ihrer Funktion versagt haben, ein belästigungsfreies Arbeitsklima zu garantieren und den Konflikt zu lösen. Der Bericht muss alle nötigen Angaben enthalten, damit die Unternehmensleitung ihre Entscheide in Kenntnis des Sachverhalts fällen kann. Es ist nicht Ihre Aufgabe, abschliessend zu entscheiden, deshalb sollte Ihr Bericht eine Reihe von Empfehlungen enthalten, mit denen das Problem gelöst und sexuelle Belästigung verhindert werden kann. Wie schon öfters erwähnt, ist diese Aufgabe nicht immer einfach. Manchmal wird es nicht möglich sein, das Vorliegen von sexueller Belästigung nachzuweisen. Sie haben aber wahrscheinlich beträchtliche Spannungen zwischen den Parteien und innerhalb der Abteilung festgestellt. In solchen Fällen sollten Sie die Unternehmensleitung darauf hinweisen, wie wichtig es ist, unabhängig von den nicht feststellbaren Verantwortlichkeiten dringliche Massnahmen zu ergreifen. Sie sollten zum Beispiel vorschlagen, die betroffenen Personen zu trennen, damit sie nicht mehr zusammen-

[3] Während eines Berufungsprozesses am Arbeitsgericht von Genf beschloss der Richter, alle Zeugen, die Kollegen des Opfers waren, noch einmal zu befragen, als ihm klar wurde, dass die Arbeitskollegen Falschaussagen gemacht hatten.

arbeiten müssen. In den seltensten Fällen werden Sie zum Schluss kommen müssen, dass die Anschuldigung falsch ist. In diesem Fall sollten Sie der Unternehmensleitung vorschlagen, die verantwortliche Person zu bestrafen und Wiedergutmachung zu leisten.

Zusammengefasst sollte der Bericht auf jeden Fall folgende Punkte enthalten:

- eine Beschreibung der Vorfälle (Tatbestand, Daten, Täter, Opfer, Auswirkungen auf das Opfer und die Abteilung);
- Schlussfolgerungen, die das Vorliegen oder Fehlen sexueller Belästigung aufzeigen;
- eine Zuweisung der Verantwortung (Belästiger, Kaderleute, die nicht die nötigen Massnahmen ergriffen haben);
- Vorschläge für Sanktionen, die der Schwere des Tatbestands entsprechen;
- Vorschläge für Wiedergutmachungsmassnahmen;
- Empfehlungen zur Schaffung eines belästigungsfreien Arbeitsklimas in der Abteilung, das eine Fortsetzung der Arbeit ermöglicht.

6.3.2 Information der Parteien über den Inhalt des Berichts

Bevor Sie den Untersuchungsbericht der Unternehmensleitung unterbreiten, sollten Sie Ihre Schlussfolgerungen den beiden Parteien einzeln vorstellen. Dabei können diese alle Bemerkungen und Änderungen anbringen, die ihnen notwendig erscheinen. Soweit sie Ihnen stichhaltig erscheinen, sollten Sie diese in ihrer definitiven Version berücksichtigen. Die Parteien haben das Recht, zu den Schlussfolgerungen und den Empfehlungen Stellung zu nehmen. Das Opfer könnte zum Beispiel finden, dass es unmöglich weiterhin mit dem Täter zusammenarbeiten kann, oder der Täter könnte Ergänzungen anbringen, die seine Unschuld beweisen sollen. Falls im Reglement ein Rekursrecht vorgesehen ist, sollten Sie zudem die Parteien darüber informieren, dass sie gegen den abschliessenden Entscheid der Unternehmensleitung Einspruch erheben können.

7 Was Personal- und Human-Ressources-Verantwortliche beachten müssen

Dieses Kapitel definiert die Verantwortungsbereiche von Personen, die Personal- und Human-Ressources-Abteilungen leiten. Es beschreibt namentlich ihre Kompetenzen.

7.1 Verantwortungsbereiche

Die Bekämpfung der sexuellen Belästigung muss integraler Bestandteil des Pflichtenhefts von Personal- und Human-Ressources-Verantwortlichen sein. Ihre Aufgabe ist grundlegend, denn Sie sind für die gesamte Unternehmenspolitik zur Bekämpfung der sexuellen Belästigung verantwortlich. Sie haben die Aufgabe, Prävention zu betreiben, indem Sie Aufklärungsarbeit leisten und Ausbildungsseminare für alle Mitarbeiterinnen und Mitarbeiter organisieren. Sie müssen zudem sicherstellen, dass ein betriebsinternes Reglement ausgearbeitet wird, und sie sind verantwortlich für dessen Anwendung auf allen Stufen des Unternehmens. Bei Konflikten müssen Sie das Problem untersuchen, in Zusammenarbeit mit Kadermitarbeitenden und Vertrauenspersonen (siehe *Kapitel 5 Was Personen, die Opfer sexueller Belästigung beraten und unterstützen, beachten müssen)* Lösungen ausarbeiten und allenfalls Sanktionen aussprechen. Nach einem Konflikt müssen Sie sicherstellen, dass die sexuelle Belästigung aufgehört hat und dass die beschlossenen Massnahmen von allen betroffenen Mitarbeiterinnen und Mitarbeitern (beiden Parteien, Kaderleuten und KollegInnen) akzeptiert und umgesetzt werden.

7.1.1 Schaffung eines belästigungsfreien Arbeitsklimas

Alle Mitarbeiterinnen und Mitarbeiter eines Unternehmens sollten sich bemühen, ein belästigungsfreies Arbeitsklima zu schaffen. Die Human-Ressources-Verantwortlichen haben aber eine spezielle Verantwortung dafür, dass alle Angestellten ein gesundes Arbeitsumfeld vorfinden, in dem die persönliche Integrität jeder einzelnen Person respektiert wird. Voraussetzung dazu ist das Vorliegen eines Reglements (siehe *3.3 Das Reglement)*. Ohne dieses Instrument gibt es keine wirkungsvolle Prävention. Wenn noch kein Reglement vorliegt, sollten Sie einen Vorschlag ausarbeiten und der Unternehmensleitung vorlegen. Sobald dieser genehmigt ist, wird Ihre Rolle darin bestehen, für dessen Einhaltung zu sorgen. Am besten erreichen sie dies, wenn die Mitarbeiterinnen und Mitarbeiter das Reglement gut kennen. Sie können Informationsveranstaltungen, Ausbildungsseminare und Sensibilisierungskampagnen organisieren (siehe *3.4 Verbreitung der internen Politik).* Solange diese Voraussetzungen nicht erfüllt sind, können die Kadermitglieder nicht für die Prävention und die Lösung konkreter Probleme verantwortlich gemacht werden. Man muss ihnen dazu die nötigen Mittel zur Verfügung stellen. Ein Reglement sowie die Überwachung seiner Umsetzung sind grundlegende Massnahmen dazu. Personalabteilungen sollten bei der Anstellung von neuen Mitarbeitern, insbesondere von Kadermitgliedern, zudem darauf achten, dass die Bewerber entsprechend befragt werden, um sicherzustellen, dass sie sexuelle Belästigung nicht als «Mittel» zur Führung weiblicher Mitarbeiter einsetzen (siehe *3.5.1 Kriterien für die Anstellung von Kaderleuten).* Alle neu eingestellten Mitarbeiterinnen und Mitarbeiter sollten von Ihnen automatisch ein Exemplar des Reglements erhalten; dabei sollten Sie hervorheben, dass sexuelle Belästigung verboten ist, sowie die Beschwerdeverfahren und die Sanktionen erläutern.

7.1.2 Kontrolle der Anwendung des Reglements durch das Kader

Die Ausarbeitung eines Reglements nützt nichts, wenn es nicht angewendet wird. Alle Kaderleute, die ja in direktem Kontakt zu den Mitarbeiterinnen und Mitarbeitern stehen, müssen dafür sorgen, dass niemand sexueller Belästigung ausgesetzt ist. Sie sollen alle nötigen Massnahmen zu deren Verhinderung ergreifen. Es ist Ihre Aufgabe, dafür zu sorgen, dass das Reglement angewendet wird und dass die Kadermitarbeiter in ihrem Bereich die Integrität der Mitarbeiterinnen und Mitarbeiter schützen und sie mit dem erforderlichen Respekt führen. Es ist auch Ihre Aufgabe, die Kadermitarbeiter bei dieser oft komplexen Aufgabe zu unterstützen und die Voraussetzungen für eine gute Zusammenarbeit zu schaffen.

7.2 Ein offenes Ohr für Konflikte

In gewissen Fällen müssen Sie Konflikte selber regeln – etwa wenn Kadermitarbeitende einen Konflikt nicht lösen können oder wenn das Opfer sich direkt an Sie wendet, weil es der Meinung ist, seine direkten Vorgesetzten seien nicht neutral. Es ist auch möglich, dass die Vertrauensperson die sich beschwerende Person oder ihr Dossier an Sie weiterleitet. Wenn Ihnen ein Dossier übertragen wird, bedeutet dies ganz offensichtlich, dass eine Intervention dringend notwendig ist, entweder weil der Konflikt nicht gelöst werden konnte, weil die dem Täter zur Last gelegten Handlungen schwer wiegend sind oder auch weil der Täter Kadermitglied ist. Handeln Sie rasch, bevor sich die Situation verschlimmert und die Gerüchteküche zu brodeln beginnt.

7.2.1 Anhörung der Parteien

Machen Sie sich mit dem Dossier vertraut, nachdem Ihnen das entsprechende Kadermitglied oder die Vertrauensperson Bericht erstattet hat, und befragen Sie die beteiligten Parteien. Dabei sollten Sie das Opfer zuerst anhören, da Sie dessen Version der Version der beschuldigten Person gegenüberstellen werden. Es ist Sache der beschuldigten Person, sich gegen die Anschuldigungen zu verteidigen, und nicht umgekehrt (siehe *4.3.3 Das Gespräch mit der beschuldigten Person* und *6.2.2 Anhörung der beschuldigten Person).* Die sich beschwerende Person muss nicht erklären, warum sie dem Täter gegenüber eine gewisse Haltung einnimmt oder auf eine gewisse Art reagiert hat; sie muss ausschliesslich beweisen, dass ihre Anschuldigungen den Tatsachen entsprechen (siehe *4.4 Vorgehen, wenn das Opfer Angst hat, sich zu beschweren, 5.3 Wie hilft man einem Opfer sexueller Belästigung?* und *6.2.1 Anhörung der Beschwerde führenden Person).* Danach sollten die Entscheide und Sanktionen nur in die Personalakte der fehlbaren Person aufgenommen werden. Wenn die Übergriffe erwiesen sind, dürfen sie in der Personalakte des Opfers nicht erwähnt werden, und wenn es sich umgekehrt um eine falsche Anschuldigung handelt, darf diese in der Personalakte der beschuldigten Person nicht erwähnt werden.

Wenn es Ihnen nicht gelingt, die Verantwortlichkeiten zu klären, sollten Sie die Eröffnung einer internen Untersuchung ins Auge fassen. Diese kann von einer Person durchgeführt werden, die vom Unternehmen für die Untersuchung bestimmt wird, oder vom kantonalen Arbeitsinspektorat (siehe *Kapitel 6 Was Personen, die Beschwerden untersuchen, beachten müssen).*

7.2.2 Anordnung einer Untersuchung bei unbestätigtem Sachverhalt

Beauftragen Sie die zuständige Untersuchungsinstanz mit der Feststellung des Sachverhalts. Das Dossier sollten Sie ihr jedoch nicht übergeben; die untersuchenden Personen sollten die Untersuchung noch einmal von Anfang an aufrollen und nicht beeinflusst werden. Teilen Sie zuerst der sich beschwerenden Person mit, dass Sie eine Untersuchung verlangt haben, und informieren Sie danach auch die beschuldigte Person. In Fällen, wo die Vertraulichkeit nicht gewahrt werden kann, wie bei der Anhörung von Zeugen, sollte den Mitarbeiterinnen und Mitarbeitern mitgeteilt werden, dass eine Beschwerde eingereicht worden ist und dass sie sich allenfalls als Zeugen zur Verfügung halten müssen. Stellen Sie unter Androhung schwerer Sanktionen klar, dass weder die Ausübung von Druck noch Vergeltungsmassnahmen gegenüber der einen oder der andern Partei geduldet werden (siehe *3.3.9.5 Schutz der Beschwerde führenden Person und der ZeugInnen: Verbot von Vergeltungsmassnahmen).* Erinnern Sie daran, dass alle Mitarbeiterinnen und Mitarbeiter gemäss internem Reglement das Recht haben, eine Beschwerde einzureichen, und dass die Unternehmensleitung angesichts des Schweregrads der Vorfälle selbst entschieden hat, die Beschwerdeinstanz anzurufen. Erinnern Sie Ihre Mitarbeiterinnen und Mitarbeiter auch daran, dass das Bundesgesetz über die Gleichstellung von Frau und

Mann (GlG) sexuelle Belästigung verbietet und dass das Unternehmen verpflichtet ist, Massnahmen zu deren Unterbindung zu ergreifen. Dieser Hinweis ist nicht überflüssig: Sexuelle Belästigung wird immer noch oft verharmlost. Damit können Sie Ihre Aussagen und Entscheidungen gegenüber den oft skeptischen, ja ungläubigen Mitarbeiterinnen und Mitarbeitern untermauern.

Nun werden die Parteien wieder angehört. Die Untersuchung ist jetzt Sache der Ad-hoc-Instanz. Sie sollten aber eventuell für die Dauer der Untersuchung provisorische Massnahmen ins Auge fassen (siehe *3.3.6.3 Formelle Beschwerde)*, wie die vorläufige Suspendierung der beschuldigten Person oder die Trennung der Parteien, damit sie nicht zusammenarbeiten müssen. Ordnen Sie eventuell provisorisch andere organisatorische Massnahmen an, wenn das Arbeitsklima in der Abteilung gestört ist. Es kommt oft vor, dass ein Konflikt mit sexueller Belästigung zu einer deutlichen Verschlechterung des Arbeitsklimas führt, dies umso mehr, wenn das Problem schon seit längerer Zeit besteht.

7.3 Entscheidungsphase

Sobald die zuständige Instanz ihren Bericht vorgelegt hat, sollten Sie Entscheide fällen. Wenn Sie der Meinung sind, dass die Schlussfolgerungen zu knapp ausgefallen sind oder dass eine Spur nicht verfolgt worden ist, haben Sie die Möglichkeit, die Untersuchungsergebnisse ergänzen zu lassen, indem Sie zum Beispiel weitere Ermittlungen verlangen.

Auf Grund der Schlussfolgerungen der Untersuchung sollten Sie die entsprechenden Entscheide fällen. Diese können in drei Kategorien eingeteilt werden:

1. Sanktionen gegen den/die Täter;
2. Wiedergutmachung des Schadens gegenüber dem Opfer;
3. allgemeine Massnahmen, etwa für alle Mitarbeiterinnen und Mitarbeiter einer Abteilung.

In den sehr seltenen Fällen, in denen falsche Anschuldigungen erhoben wurden, sollten sich die Sanktionen gegen die Person richten, die die falsche Anschuldigung gemacht hat, d.h. es sollten von ihr statt von der beschuldigten Person Wiedergutmachungsmassnahmen verlangt werden (siehe *3.3.9.7 Falsche Anschuldigungen)*.

Wenn der Bericht die Anschuldigungen nicht belegen kann, aber trotzdem nicht zum Schluss kommt, dass eine falsche Anschuldigung vorliegt, sollten keine Sanktionen gegen die beteiligten Parteien ergriffen werden; hingegen sind Massnahmen zur Umstrukturierung der Abteilung zu ergreifen, wenn sich das Arbeitsklima so weit verschlechtert hat, dass ein ungestörtes Arbeiten nicht mehr möglich ist (siehe *3.3.9.6 Nicht begründete Beschwerden)*.

Die Parteien und die durch die Schlussfolgerungen der Untersuchung betroffenen Personen sollten über die Entscheide und die ergriffenen Sanktionen informiert werden.

7.3.1 Information der beteiligten Parteien sowie der Mitarbeiterinnen und Mitarbeiter über Ihre Entscheide

Aus Gründen der Transparenz und um keine Gerüchte aufkommen zu lassen, sollten Sie die Parteien und die durch die Entscheide betroffenen Mitarbeiterinnen und Mitarbeiter über deren Inhalt informieren. Sie sollten Ihre Entscheide begründen, damit die Mitarbeiterinnen und Mitarbeiter sehen, dass sie gerechtfertigt sind. Planen Sie Zeit für Bemerkungen und Fragen ein, um sicherzustellen, dass die geplanten Massnahmen von den Mitarbeiterinnen und Mitarbeitern verstanden und umgesetzt werden. Es kann sein, dass die Mitarbeitenden die Umsetzung Ihrer Entscheide behindern. Das müssen Sie verhindern, am besten präventiv, indem Sie Ihre Absichten transparent machen und gut kommunizieren.

7.3.2 Sanktionen gegen den Täter

Wenn der Sachverhalt feststeht, sollte der Täter je nach Schwere seiner Verfehlungen bestraft werden. Die Schwere bemisst sich nach dem Ausmass der Schäden, die dem Opfer und dem Unternehmen entstanden sind. Die Sanktionsskala kann von einem Verweis bis zur Entlassung reichen. Ein Verweis oder eine Verwarnung sollte zum Beispiel ausgesprochen werden, wenn es um anzügliche Witze geht, die am Arbeitsplatz häufig beliebt und manchmal sogar Teil der Unternehmenskultur sind. Auch wenn einige daran «Vergnügen» finden, sind solche Anzüglichkeiten für Frauen nicht lustig, und viele werden dadurch verunsichert. Eine Sanktion ist wichtig, selbst wenn sie nicht hart ist. Sie macht deutlich, dass das Verhalten nicht geduldet wird, dass es eine ganze Personengruppe stört und dass es in gewissen Fällen sogar erniedrigend sein kann.

Wenn der Täter das Opfer mit Drohungen daran gehindert hat, sich zu beschweren, und wenn das Verhalten über eine längere Zeit angedauert hat (mehrere Monate), sollte der Täter entlassen werden. Die Sanktion sollte ebenfalls hart ausfallen, wenn die sexuelle Belästigung von einem Vorgesetzten ausging. Ein Kadermitarbeiter, der Mitarbeiterinnen belästigt, ist niemals ein «guter Chef», genauso wenig wie ein Vorgesetzter, der Geld veruntreut. Das Unternehmen sollte sich von ihm trennen oder ihn wenigstens seiner Funktionen entheben (siehe *3.3.9.3 Sanktionen gegen den Täter)*.

Auf jeden Fall sollte man vom Täter verlangen, dass er sich, möglichst schriftlich, beim Opfer entschuldigt. Die betroffene Person ist im Allgemeinen sehr empfänglich für diese Massnahme, da damit anerkannt wird, dass ihr ein Schaden widerfahren ist, und das Verhalten des Täters als unprofessionell qualifiziert wird. Zudem entspricht dieser Akt dem allgemeinen Bedürfnis eines Opfers nach Wiedergutmachung.

Nachdem ein Opfer sexuell belästigt worden ist, kann es manchmal nicht mehr mit der belästigenden Person zusammenarbeiten, da es dadurch zu sehr an unangenehme Ereignisse erinnert wird. Man sollte also daran denken, den Täter zu versetzen. Die betroffene Person sollte, ausser auf ihren ausdrücklichen Wunsch hin, auf keinen Fall versetzt werden, da dies als Strafe aufgefasst werden könnte.

Schliesslich sollten die Sanktionen immer von Ausbildungs- oder Sensibilisierungsmassnahmen für den Täter, in gewissen Fällen, wenn sich die Abteilung mit dem Täter solidarisiert hat, aber auch für die ganze Abteilung begleitet werden.

7.3.3 Wiedergutmachung zu Gunsten des Opfers

Wie geringfügig auch immer der Übergriff war, das Opfer erleidet immer einen Schaden. In vielen Fällen stellt der Belästiger die Position/Arbeit der Person in Frage, auf die er es abgesehen hat, oder greift ihre beruflichen Fähigkeiten an, um sich für ihre Zurückweisung zu rächen (siehe *1.2.2 Was unterscheidet sexuelle Belästigung von Mobbing?).* Es kann zum Beispiel zu negativen Personalbeurteilungen, zur Verweigerung einer Beförderung oder zu einer Versetzung kommen, über die eigentliche sexuelle Belästigung hinaus, die bereits genügend erniedrigend ist und im Allgemeinen das Selbstbewusstsein stark angreift.

Eine Wiedergutmachung zeigt der betroffenen Person, dass sie immer noch das Vertrauen des Unternehmens geniesst und dass man ihre Unschuld anerkennt. Deshalb sollte für die erfahrenen Unannehmlichkeiten nach Möglichkeit Wiedergutmachung geleistet werden, indem zum Beispiel negative Beurteilungen oder Verwarnungen gestrichen werden, eine Versetzung rückgängig gemacht wird oder Benachteiligungen, wie die Verweigerung von Beförderungen, Vergünstigungen, Ausbildungskursen, Lohnerhöhungen usw., aufgehoben werden.

In gewissen Fällen kann der verursachte Schaden nicht wieder gutgemacht werden, weil er zu gross ist. In solchen Fällen können Sie dem Opfer Ausgleichsmassnahmen anbieten, wie zum Beispiel Zugang zu Ausbildungsangeboten, eine Entschädigung, die Bezahlung der Honorare einer Therapie, die das Opfer wegen der Vorfälle aufsuchen musste, einen Selbstverteidigungskurs usw. (siehe *3.3.9.2 Wiedergutmachung).*

Auf alle Fälle sollte die betroffene Person eine schriftliche Entschuldigung des Unternehmens sowie die Zusicherung der Unternehmensleitung erhalten, dass sie nicht gegen ihren Willen versetzt wird.

Das erlaubt der betroffenen Person, ihre Arbeit ohne Bitterkeit weiterzuführen, und unterstützt ihr Gefühl, dass sie Recht hatte, sich für ihre Würde zu wehren. Damit kann sie das Kapitel abschliessen und die sexuelle Belästigung gewissermassen nur noch «wie einen schlechten Traum» in Erinnerung behalten.

7.3.4 Massnahmen zur Wiederherstellung eines gesunden Arbeitsklimas

Ein Konflikt aufgrund sexueller Belästigung führt häufig zu Spannungen in der betreffenden Abteilung. Diese zerfällt oft in verschiedene Lager. Sie werden entschlossen vorgehen müssen, um ein gesundes Arbeitsklima wiederherzustellen. Ergreifen Sie die Gelegenheit, um daran zu erinnern, dass es ein Reglement über sexuelle Belästigung gibt, und um dessen Inhalt zu rekapitulieren; betonen Sie auch, dass die Entscheide, die Sie gefällt haben, diesem Reglement entsprechen. Wenn das Reglement schlecht bekannt scheint, organisieren Sie eine Informationsveranstaltung, bei der die Unternehmensleitung anwesend sein und die verschiedenen Bestimmungen präsentieren sollte; die Mitarbeiterinnen und Mitarbeiter sollten danach Gelegenheit haben, Fragen zu stellen. Sie können auch spezielle Schulungsseminare für bestimmte Mitarbeiterkategorien durchführen (siehe *3.6.1 Sensibilisierung der Frauen, 3.6.2 Sensibilisierung der Männer* und *3.7.2 Schulung des übrigen Kaders).*

7.3.5 Reorganisation der Abteilung

In gewissen Fällen genügen Information und Schulung nicht; Sie sollten dann in Zusammenarbeit mit der Person, die die Abteilung leitet, eine Reorganisation planen, sofern die sexuelle Belästigung nicht von dieser Person ausging. Eventuell können einzelne Personen nicht mehr zusammenarbeiten, was eine Neuverteilung der Aufgaben erforderlich macht. Eine Reorganisation ist nicht einfach, denn es sollten keine Mitarbeiterinnen oder Mitarbeiter übergangen werden. Wenn der Belästiger die Abteilung leitet, sollte er in eine andere Abteilung versetzt oder seiner Funktionen enthoben werden. Sie werden sich auch der Führungskompetenzen der Nachfolgerin oder des Nachfolgers vergewissern müssen, damit sich die Ereignisse nicht wiederholen.

7.3.6 Schriftliche Dokumentation der Entscheide

Die Handlungen, die dem Täter vorgeworfen werden, und die Sanktionsentscheide sollten notiert und in die Personalakten der fehlbaren Personen aufgenommen werden. Rückfällige Täter sollten strenger bestraft werden; wahrscheinlich ist eine Entlassung notwendig oder sogar die fristlose Kündigung auszusprechen.

7.4 Kontrollierte Umsetzung der Entscheide

Nachdem die Entscheide gefällt sind, muss deren Umsetzung kontrolliert werden. Das ist sehr wichtig, denn sonst nehmen es Ihnen die Mitarbeiterinnen und Mitarbeiter übel und verlieren das Vertrauen. Die Entscheide zu fällen, ist schon schwierig genug; sie umzusetzen, ist aber manchmal noch schwieriger, da Sie auf Widerstand stossen können. Widerstand geht im Allgemeinen vom Belästiger aus, manchmal aber auch von Kadermitarbeitenden, die sich weigern, sexuelle Belästigung zu bekämpfen. Sie müssen überzeugend auftreten, Entschlossenheit markieren und die geplanten Änderungen intensiv überwachen.

7.4.1 Überwachung der beschlossenen Massnahmen

Entscheide, die nicht ausgeführt werden, sind nutzlos, ja sogar kontraproduktiv. Der Belästiger wie auch seine Kolleginnen und Kollegen fühlen sich so in ihrer Meinung bestätigt, dass sexuelle Belästigung schliesslich doch nur eine unbedeutende Verfehlung ist. Um dieser Fehleinschätzung entgegenzuarbeiten, müssen Sie dafür sorgen, dass

- die sexuelle Belästigung aufhört;
- die Wiedergutmachungsmassnahmen wirklich umgesetzt werden;
- die Sanktion wirklich vollzogen wird;
- die Reorganisation der Arbeit in die Praxis umgesetzt wird;
- das Arbeitsklima gesund ist;
- keine Vergeltungsmassnahmen ergriffen werden.

Wie wissen Sie, ob die beschlossenen Massnahmen umgesetzt werden, und dies auch dann, wenn Sie das Opfer aus Angst vor Vergeltungsmassnahmen nicht informiert? Sie müssen sich selbst davon überzeugen und feststellen, ob die beschlossenen Änderungen greifen. Wenn nötig können Sie die durch die Massnahmen Betroffenen befragen. Lassen Sie nicht alles beim Alten, das ist die untauglichste Methode zur Lösung von Konflikten.

7.4.2 Stoppen der sexuellen Belästigung

Es kommt manchmal vor, dass die sexuelle Belästigung sogar nach einer Bestrafung weitergeht. Es kann sein, dass der Belästiger die ihm auferlegten Massnahmen nicht ernst nimmt. Er hält sich für unantastbar und hat damit sogar Recht, solange das Kader und die Mehrheit der Mitarbeiterinnen und Mitarbeiter in der Abteilung die Augen vor seinen Taten verschliessen. Die belästigte Person wird isoliert und bleibt verwundbar, so dass sie sich nicht wehren kann. Dies bedeutet einerseits, dass die Entscheide und Sanktionen schlecht kommuniziert wurden: Die Mitarbeiterinnen und Mitarbeiter sowie das Kader haben nicht begriffen, wie wichtig die Massnahmen sind. Andererseits zeigt es, dass die verhängte Sanktion offenbar nicht hart genug war oder dass man den Täter nicht nachdrücklich genug verpflichtet hat, jede Form der sexuellen Belästigung einzustellen. Vielleicht verfügt Ihr Unternehmen über kein Reglement, oder dieses äussert sich nur vage zu den Sanktionen. In diesem Fall sollte rasch ein Reglement ausgearbeitet oder sollten gewisse Bestimmungen präzisiert werden.

In dem – äusserst unangenehmen – Fall, dass der Belästiger seine Verpflichtungen nicht einhält, sollten Sie die Linienverantwortlichen unbedingt sofort einberufen und ihnen klarmachen, dass die Umsetzung der Massnahmen und Sanktionen in ihrer Verantwortung liegt. Sie sollten auch ein Gespräch mit dem Täter führen, um ihn darauf hinzuweisen, dass sein Verhalten nicht geduldet werden kann und dass er Gefahr läuft, entlassen zu werden, wenn er mit den Belästigungen fortfährt. Zudem sollten sie noch einmal die Mitarbeiterinnen und Mitarbeiter versammeln, sie an den Inhalt der Entscheide erinnern und darauf hinweisen, dass sie bestraft werden können, wenn das Reglement nicht angewendet wird.

7.4.3 Verhinderung von Vergeltungsmassnahmen gegen Opfer und Zeugen

Nicht selten sind das Opfer und die Zeuginnen und Zeugen Vergeltungsmassnahmen ausgesetzt: von Seiten des Belästigers oder von Mitarbeitenden, die sich mit dem Belästiger solidarisieren. Manchmal sind auch Kaderleute beteiligt. Ein solches Verhalten darf nicht geduldet werden, einerseits, weil damit das Opfer dafür bestraft wird, dass es gewagt hat, sich zu beschweren, andererseits weil es zeigt, dass die Mitarbeitenden Entscheide der Unternehmensleitung grundsätzlich missachten. Im Allgemeinen schweigen die Opfer von Vergeltungsmassnahmen, was verständlich ist: Sie sind überzeugt, dass sie von einer Unternehmenshierarchie, die ihre Verpflichtungen nicht einhält, keinen Schutz erfahren werden.

Sie sollten alle zur Verfügung stehenden Massnahmen ergreifen, um Vergeltungsmassnahmen zu verhindern und sie allenfalls sofort zu unterbinden. Teilen Sie dem Opfer und den Zeuginnen und Zeugen mit, dass Sie bei Problemen jederzeit zur Verfügung stehen und dass sie nicht zögern sollten, sich bei Ihnen zu beschweren. Beruhigen Sie sie und erklären Sie ihnen, dass Sie nicht über alles auf dem Laufenden sein können, was im Unternehmen geschieht, wenn man Sie nicht darauf aufmerksam macht.

8 Was Fachpersonen für Chancengleichheit im Unternehmen beachten müssen

Verschiedene Unternehmen haben Personen eingesetzt, die die Förderung der Gleichstellung und Chancengleichheit von Frauen und Männern unterstützen sollen. In diesem Kapitel zeigen wir, was Gleichstellungs-Fachpersonen zur Verhinderung der sexuellen Belästigung tun können und dass Gleichstellungsmassnahmen viel zur Eindämmung sexueller Belästigung beitragen.

8.1 Förderung der Chancengleichheit von Frauen und Männern

Wie wir bereits ausgeführt haben, liegen wichtige Ursachen der sexuellen Belästigung in der gesellschaftlichen und betrieblichen Ungleichbehandlung von Frauen und Männern. In traditionellen Männer-Arbeitsbereichen, wo Frauen in der Minderheit sind, und dort, wo Frauen nicht als gleichwertige Arbeitskräfte wahrgenommen und behandelt werden, ist sexuelle Belästigung besonders verbreitet. Als Gleichstellungs-Fachperson können Sie deshalb sowohl die Initiative für eine umfassende Förderung der beruflichen Gleichstellung von Frauen und Männern als auch für spezielle Massnahmen gegen sexuelle Belästigung ergreifen und mit beidem dazu beitragen, die Zahl der Fälle von sexueller Belästigung zu senken (siehe auch *3.5.2 Förderung und berufliche Anerkennung der Frauen, 3.5.3 Geschlechterdurchmischung in der Arbeitswelt* und *4.5.2 Gleichbehandlung von Frauen und Männern).*

Auch wenn viele Unternehmen der Ansicht sind, dass sie für die Chancengleichheit von Frauen und Männern das Notwendige bereits getan haben, sprechen die Zahlen doch immer noch eine deutlich andere Sprache: So verdienten im Jahr 2000 die Frauen in der Schweiz im Durchschnitt 21,5% weniger als die Männer.[1] Die Teilzeitarbeit ist eine weibliche Domäne: 53% der Frauen arbeiten Teilzeit gegenüber 10% der Männer. Teilzeitbeschäftigte sind oft schlechter gestellt, was, wegen des hohen Frauenanteils, eine indirekte Diskriminierung der Frauen bedeutet. Obwohl vom Unternehmen nicht beabsichtigt, werden Frauen als Teilzeitangestellte häufig de facto benachteiligt, zum Beispiel beim Zugang zu Weiterbildungsmöglichkeiten, bei Beförderungen, Auslandeinsätzen und Kaderstellen.

Eine umfassende Gleichstellungspolitik in Unternehmen ist deshalb auch heute noch von grosser Wichtigkeit. Sie muss verschiede-

---

[1] Diese, die folgenden und viele weitere Zahlen bei: Bundesamt für Statistik: Statistik Schweiz – Kultur und Lebensbedingungen: Auf dem Weg zur Gleichstellung (www.statistik.admin.ch/stat_ch/ber20/thema/dtfr16.htm).

ne Bereiche umfassen, in denen direkte oder indirekte Diskriminierungen vorkommen können: Arbeitsplatzbewertung und Löhne, Angebote, Zugang und finanzielle Unterstützung der Weiterbildung, Anstellungs- und Beförderungspolitik, Vereinbarkeit von Betreuungsverpflichtungen und Beruf oder sexuelle Belästigung am Arbeitsplatz, aber auch Führungs- und Personalentwicklungsinstrumente werden mögliche Felder der betrieblichen Gleichstellungspolitik sein. Gertraude Krell hat in «Chancengleichheit durch Personalpolitik»[2] die vier Ecksteine einer Erfolg versprechenden Gleichstellungspolitik folgendermassen definiert: die Realisierung von Chancengleichheit beim Zugang zu und in männerdominierten Bereichen (insbesondere Führungspositionen), der Abbau von Diskriminierungen in der Arbeitsgestaltung und der Lohnpolitik bei herkömmlicher Frauenarbeit, die Erleichterung der Vereinbarkeit von Beruf und Privatleben für beide Geschlechter ohne diskriminierende Folgen und die Erhöhung der Gleichstellungskompetenz und -motivation von Führungskräften.[3]

Zu den Aufgaben der betrieblichen Gleichstellungsbeauftragten gehört es, Initiativen zu ergreifen, Analysen zur Ist-Situation im Betrieb zu veranlassen und entsprechende Programme zur Chancengleichheit vorzuschlagen, das notwendige Fachwissen in das Unternehmen hineinzutragen und die Sensibilisierung für Gleichstellungsfragen vorab im Kader zu verbessern. Dazu gibt es heute verschiedene Instrumente[4], die wir hier nicht näher vorstellen müssen.

Eine betriebliche Politik gegen direkte und indirekte Diskriminierung hat zum Ziel, die Stellung der Frauen im Betrieb zu verbessern, und das ist eine gute und notwendige Voraussetzung, um sexuelle Belästigung zu verhindern. Andererseits kann sexuelle Belästigung alle Massnahmen für die Gleichstellung unterlaufen. Sexuelle Belästigung kann zum Beispiel als Instrument eingesetzt werden, um unliebsame Konkurrenz im Betrieb auszuschalten.

8.2 Verhinderung von sexueller Belästigung

Als Gleichstellungsbeauftragte gehört es deshalb auch zu Ihren Aufgaben, ein Programm zur Bekämpfung der sexuellen Belästigung vorzuschlagen, das strukturelle Massnahmen und die Einführung eines Reglements ergänzt.

---

[2] G. Krell (Hrsg.), *Chancengleichheit durch Personalpolitik. Gleichstellung von Frauen und Männern in Unternehmen und Verwaltungen. Rechtliche Regelungen – Problemanalysen – Lösungen*, Gabler, Wiesbaden, 2001.

[3] Ibid. S. 24.

[4] Ibid. Die Instrumente des Gender Mainstreaming, des Diversity Management oder des Total E-Quality werden in Krell, 2001, vorgestellt.

8.2.1 Sensibilisierungskampagnen

Sexuelle Belästigung ist ein Tabuthema, das niemand gerne anspricht und das oft nicht ernst genommen wird. Dieses Totschweigen des Problems ist vor allem ein Zeichen für das Unbehagen, das viele empfinden, wenn sie darüber sprechen sollen, weil es etwas mit Sexualität und den Beziehungen zwischen Frauen und Männern zu tun hat.

Um das Tabu zu brechen und eine Sensibilisierung herbeizuführen, können Sie Kampagnen für alle Mitarbeiterinnen und Mitarbeiter organisieren und dazu zum Beispiel Prospekte, Plakate oder Faltblätter einsetzen. Ziel ist es, zu informieren, zu erklären, und allen bewusst zu machen, welchen Schaden sexuelle Belästigung anrichten kann. Keine Angst: Eine Kampagne hat noch nie zu falschen Anschuldigungen geführt. Mit einer Kampagne kann sexuelle Belästigung in einen grösseren Zusammenhang gestellt und es können Grenzen definiert werden, die der Verharmlosung entgegenwirken und den Mitarbeiterinnen und Mitarbeitern eine klare Definition der sexuellen Belästigung geben, damit sie einen Flirt von sexueller Belästigung unterscheiden können.

8.2.2 Durchführung von Diskussionen

Mit Kampagnen können die Mitarbeiterinnen und Mitarbeiter sensibilisiert werden. Günstig ist es, wenn Sie ihnen auch Gelegenheit geben, über sexuelle Belästigung zu sprechen. So sehen Sie zugleich, wie der Inhalt der Kampagne aufgenommen wird. Eine Diskussion hat zudem den Vorteil, dass Fragen gestellt und beantwortet werden können, die Sie nicht unbedingt vorhergesehen haben. Schliesslich ist es das Ziel einer Diskussion, dass man über sexuelle Belästigung genauso offen sprechen kann wie über ein Fabrikationsverfahren für ein neues Produkt. Alle sollten ihre persönliche Meinung äussern können, ohne Angst, ausgelacht zu werden. Ein Ideenaustausch ist oft bereichernd und fördert Veränderungen und Bewusstwerdungsprozesse, er bewirkt also viel mehr, als es ein Vortrag ohne Diskussion tun könnte.

Ihre Absicht ist es ja auch, das Wort den Mitarbeiterinnen und Mitarbeitern zu überlassen. Solche Diskussionen führen oft zu konkreten Fragen und Vorschlägen an das Unternehmen und können Verhaltensänderungen auslösen. Diese Art der Prävention hat Vorteile: Es sind nicht Sie, die Vorschläge machen. Initiativen, die ausschliesslich von der Unternehmenshierarchie ausgehen und gestaltet werden, werden von den Mitarbeitenden nicht immer begrüsst, da sie sich von ihnen nicht betroffen fühlen. Zudem kostet dieser Prozess das Unternehmen nicht viel, er erfordert aber den politischen Willen, das Thema anzusprechen.

8.2.3 Organisation von Weiterbildungskursen

In der Weiterbildung können die diskutierten Ideen vertieft und gängige Vorurteile über sexuelle Belästigung angegangen werden. Dort können auch Mittel und Werkzeuge vorgestellt werden, mit denen man sich vor sexueller Belästigung schützen kann oder mit denen man umgekehrt vermeiden kann, bedrohlich zu wirken. Weiterbildungskurse können auch einen Rahmen bilden für von Fachleuten geleitete Diskussionen, in denen das Hauptziel nicht ist, Menschen zu verurteilen, sondern alle Teilnehmerinnen und Teilnehmer zu Wort kommen zu lassen, sich gegenseitig zuzuhören und zu akzeptieren.

In Weiterbildungskursen werden die Mitarbeiterinnen und Mitarbeiter mit ihrer Verantwortung konfrontiert. Sie können nicht mehr so tun, als ob ihnen die Bedeutung ihrer Handlungen nicht bewusst gewesen wäre oder als ob sie eine Person in Schwierigkeiten nicht unterstützen könnten.

Weiterbildung schafft wie jede Form der Sensibilisierung günstige Voraussetzungen zur Verhinderung der sexuellen Belästigung und zur Lösung von Konflikten. Voraussetzung ist jedoch, dass sie nicht allein stehen, sondern strukturelle Massnahmen (ein Reglement) begleiten. Dabei sollte man sich aber keine Illusionen machen: Es ist nicht möglich, das Phänomen in den Unternehmen von heute auf morgen definitiv auszumerzen. Man kann aber die Zahl der Vorfälle durch Prävention senken und sich den Aufwand für die im Allgemeinen sehr beschwerliche Lösung von Konflikten ersparen.

Was Gewerkschaften beachten müssen

9

In diesem Kapitel wird die Rolle der Gewerkschaften dargestellt. Sie besteht einerseits darin, den Kampf gegen sexuelle Belästigung zu unterstützen und voranzutreiben, und andererseits darin, die Interessen der Arbeitnehmerinnen und Arbeitnehmer zu vertreten.

9.1 Sexuelle Belästigung als vordringliches Thema der Gewerkschaften

Der Kampf gegen sexuelle Belästigung muss zu den Hauptanliegen einer Gewerkschaft gehören, denn er ist eng mit der Forderung nach besseren Arbeitsbedingungen verknüpft. Sexuelle Belästigung ist nicht einfach ein Privatproblem von Einzelpersonen (siehe *1.1 Was ist sexuelle Belästigung?),* sondern ein gesellschaftliches Phänomen, bei dem in erster Linie Frauen die Opfer sind (siehe *1.3 Die Opfer).* Die Auswirkungen auf die physische und psychische Gesundheit der Betroffenen und auf ihre berufliche Situation sind oft dramatisch. Sexuelle Belästigung gehört für zahlreiche Frauen zum Arbeitsalltag. Zwar existiert dieses Phänomen, seit Frauen in grösserer Zahl auf den Arbeitsmarkt vorgedrungen sind, doch wurde es lange Zeit weder von der Gesellschaft noch von den Gewerkschaften zur Kenntnis genommen. Nun, da das Bundesgesetz über die Gleichstellung (GlG) in Kraft ist, das namentlich Arbeitgeber bestraft, die keine Massnahmen zur Prävention und Beseitigung sexueller Belästigung ergreifen (siehe *Kapitel 2: Sexuelle Belästigung ist gesetzlich verboten),* sollten alle Gewerkschaften den Kampf gegen die sexuelle Belästigung in ihr Programm aufnehmen oder ihm noch grössere Aufmerksamkeit schenken, wenn er bereits Teil davon ist.

9.2 Die Rolle der Gewerkschaften

Beim Thema sexuelle Belästigung besteht die Aufgabe der Gewerkschaften in erster Linie darin, dafür zu sorgen, dass die Betriebe über eine Strategie zur Bekämpfung der sexuellen Belästigung verfügen und dass diese auch umgesetzt wird. In die Gesamtarbeitsverträge sollten entsprechende Bestimmungen aufgenommen werden; in Betrieben, die keinem Gesamtarbeitsvertrag unterstehen, muss ein Reglement ausgehandelt werden. Ausserdem ist es Aufgabe der Gewerkschaften, die Opfer zu unterstützen und zu verteidigen.

9.2.1 Bestimmungen in den Gesamtarbeitsverträgen

Es sollte kein Gesamtarbeitsvertrag unterschrieben werden, der nicht spezielle Bestimmungen zur sexuellen Belästigung enthält. Darin sollte namentlich die Verpflichtung festgehalten werden, ein Reglement auszuarbeiten, das die sexuelle Belästigung verbietet sowie informelle Verfahren (gütliche Einigung) und formelle (Durchführung einer Untersuchung) festlegt. Im Reglement sollte die Gewerkschaft als Verfahrensbeteiligte anerkannt werden. Die Opfer sind oft nicht in der Lage, sich zu wehren, und brauchen Unterstützung, um eine Beschwerde einreichen zu können.

In manchen Gesamtarbeitsverträgen sind bereits Bestimmungen zur sexuellen Belästigung enthalten, doch sind sie oft lückenhaft, vor allem was die formellen Beschwerdeverfahren anbelangt. In der Tat sieht bisher kein Gesamtarbeitsvertrag ein Beschwerdeverfahren vor, im besten Fall ist die Bezeichnung von Ansprechpersonen für die Beratung und Unterstützung der Opfer vorgesehen, wie etwa im Fall des GAV der Uhrenindustrie. Wenn die beschuldigte Person die Vorfälle bestreitet, wird jedoch – wie wir gesehen haben – eine Untersuchung zur Sachverhaltsabklärung notwendig. Die Personen, die für die Information und Beratung der Opfer im informellen Verfahren zuständig sind, haben keine Untersuchungskompetenz. Ausserdem gehören sie nicht der Unternehmensleitung an und sind daher nicht befugt, Entscheide zum Schutz des Opfers und zur Bestrafung des Täters zu fällen; sie können lediglich Empfehlungen abgeben, aber nichts verlangen oder beschliessen. Deren Einbezug ist angemessen, wenn der Konflikt gütlich geregelt werden kann, aber nicht, wenn sich keine rasche Lösung abzeichnet.

Solange die Unternehmensleitung kein formelles Beschwerdeverfahren vorsieht, kann sie sich auch davor drücken, die Schuldigen zu bestrafen; sie schiebt die Verantwortung auf die für das Thema zuständigen Personen ab. Das widerspricht jedoch dem Gleichstellungsgesetz, das klar festhält, dass der Arbeitgeber für sexuelle Belästigungen in seinem Betrieb haftbar ist. Aus diesem Grund sollte ein formelles Beschwerdeverfahren in Gesamtarbeitsverträgen festgeschrieben werden.

9.2.2 Vereinbarung zwischen Unternehmen und Gewerkschaften

Wenn es keinen Gesamtarbeitsvertrag gibt oder wenn in einem Gesamtarbeitsvertrag keine spezielle Bestimmung zur sexuellen Belästigung enthalten ist, sollte die Gewerkschaft das Unternehmen auffordern, ein internes Reglement einzuführen (siehe *3.3 Das Reglement),* und dafür sorgen, dass sie als Verfahrensbeteiligte anerkannt wird. Sie kann ein Reglement vorschlagen, das ihr insbesondere auch das Recht verleiht, eine Beschwerde führende Person zu unterstützen und selbst Beschwerde einzureichen, während des ganzen Untersuchungsverfahrens Akteneinsicht zu erhalten, zu den Schlussfolgerungen Stellung zu nehmen und die Umsetzung der Massnahmen zu überwachen.

9.2.2.1 Das Recht zur Unterstützung der sich beschwerenden Person

Die Gewerkschaft muss das Recht haben, die sich beschwerende Person zur Anhörung zu begleiten. Das Opfer kann sich von der Gewerkschaft begleiten oder auf Wunsch auch von ihr vertreten lassen. Wenn das Opfer einer Befragung nicht gewachsen ist, sollte es eine schriftliche Beschwerde einreichen können.

9.2.2.2 Das Recht, Beschwerde einzureichen

Die Gewerkschaft sollte die Möglichkeit erhalten, beim Arbeitgeber vorstellig zu werden und an Stelle der betroffenen Person und mit ihrem Einverständnis eine interne Beschwerde einzureichen, wenn sie es nicht selbst tun will oder wenn mehrere Personen von der sexuellen Belästigung betroffen sind. Wir wissen, wie schwierig es für die Betroffenen ist, eine Aussage zu machen (siehe *4.4 Vorgehen, wenn das Opfer Angst hat, sich zu beschweren),* daher ist es wichtig, dass die gewerkschaftlichen Organisationen selbst Beschwerde einreichen können, wenn es ihnen notwendig erscheint, und dass ihnen dieses Recht im Rahmen der Politik des Unternehmens zur Bekämpfung der sexuellen Belästigung ausdrücklich zugestanden wird.

9.2.2.3 Akteneinsicht

Wenn die Gewerkschaft die Beschwerde führende Person unterstützt, dann muss sie während des ganzen Verfahrens Zugang zu den Akten haben. Nach Studium der Akten kann sie nötigenfalls vorschlagen, weitere Zeuginnen und Zeugen zu befragen oder andere Unterlagen zur Beweisführung heranzuziehen.

9.2.2.4 Stellungnahme zu den Schlussfolgerungen

Die Gewerkschaft als Verfahrensbeteiligte sollte Gelegenheit erhalten, vor der definitiven Formulierung des Untersuchungsberichts dazu Stellung zu nehmen und Vorschläge zu machen, wie der Konflikt gelöst werden könnte.

9.2.2.5 Überwachung der Politik des Unternehmens

Schliesslich sollte die Gewerkschaft darauf achten, dass das Reglement im Betrieb auch wirklich angewendet wird. Sie sollte regelmässig überprüfen, ob die vom Betrieb ergriffenen Massnahmen wirksam sind, und allenfalls Änderungen vorschlagen. Die Ausarbeitung eines Reglements liefert nur die Theorie. Erst in der praktischen Erprobung sieht man, ob sich ein Reglement bewährt. Die Gewerkschaft ist – wenn sie im konkreten Fall intervenieren kann – in einer guten Position, um das Reglement auf seine Tauglichkeit zu prüfen.

9.2.3 Unterstützung des Opfers

Aufgabe der Gewerkschaften ist es auch, die von sexueller Belästigung betroffenen Arbeitnehmerinnen und Arbeitnehmer, die sich an sie wenden, zu informieren, zu beraten und zu verteidigen.

Viele Opfer wenden sich viel zu spät an ihre Gewerkschaft, nachdem sie erfolglos versucht haben, selbst eine Lösung zu finden: Sie kommen erst, wenn sich die Situation schon so verschlechtert hat, dass sie nicht mehr arbeiten können, oder wenn sie fürchten, entlassen zu werden. Oft wagen sie zudem nicht, in der Beratung offen über ihr Problem zu sprechen. Die Gewerkschaftsverantwortlichen müssen daher Anfragen sehr aufmerksam prüfen, denn hinter einem banalen arbeitsrechtlichen Problem (Lohn, Arbeitszeit, Urlaub usw.) kann sich sexuelle Belästigung verbergen. Wegen der vielen Vorurteile rund um sexuelle Belästigung (siehe *1.5 Die Vorurteile)* und wegen der damit verbundenen Schuldgefühle (siehe *5.3.2 Förderung des Selbstvertrauens der betroffenen Person)* hat das Opfer oft Mühe, zu schildern, was ihm widerfahren ist. Wenn es das Problem überhaupt anspricht, dann geschieht dies sehr oft in Anspielungen. Es ist also an Ihnen, die versteckten Hinweise zu erkennen und der Person zu helfen, darüber zu sprechen. Sicher ist das keine einfache Aufgabe, und sie erfordert mehr Zeit als die Klärung einer Lohnfrage. Zudem ist die betreffende Person oft verunsichert und hat nicht genug Kraft, um sich zu verteidigen. Nicht selten kommt es vor, dass das Opfer keine Arbeitsbewilligung hat. Das macht es noch schwieriger, ihm zu helfen, weil es fürchten muss, ausgewiesen zu werden. All diese Aspekte müssen bei der Suche nach einer möglichst optimalen Lösung berücksichtigt werden. Soll die Belästigung der Unternehmensleitung gemeldet werden? Oder soll gleich das Arbeitsgericht eingeschaltet werden? Diese Fragen müssen immer ausgehend vom konkreten Fall beantwortet werden, und zwar unter Berücksichtigung der subjektiven Seite (Situation des Opfers) und der objektiven (Möglichkeiten der Gewerkschaft, ein fundiertes Dossier zu erstellen). In vielen Fällen nehmen die Betroffenen leider erst dann mit der Gewerkschaft Kontakt auf, wenn sie bereits die Kündigung erhalten haben. Wenn es sich um eine Rachekündigung nach einer Beschwerde handelt, kann die Gewerkschaft die Entlassung anfechten und die Kündigung für nichtig erklären lassen (siehe *Kapitel 2: Sexuelle Belästigung ist gesetzlich verboten)*. Angesichts der Schwere der Vorfälle ist es dann unumgänglich, eine Untersuchung einzuleiten. Trotzdem kann die Gewerkschaft versuchen, dieses formelle, oft langwierige und mühsame Verfahren zu vermeiden, indem sie mit der Unternehmensleitung Kontakt aufnimmt und von ihr Massnahmen verlangt, damit die sich beschwerende Person ohne Belästigung und ohne weitere Benachteiligungen weiterarbeiten oder wieder eingestellt werden kann. Falls sich die Unternehmensleitung weigert, dies zu tun, muss eventuell das kantonale Arbeitsinspektorats beigezogen und eine Untersuchung verlangt werden (siehe *Kapitel 6: Was Personen, die Beschwerden untersuchen, beachten müssen);* als letzter Ausweg bleibt schliesslich unter Berufung auf das Gleichstellungsgesetz der Gang vor Gericht.

9.2.3.1 Die Situation von ArbeitnehmerInnen ohne Arbeitsbewilligung

Arbeitnehmerinnen und Arbeitnehmer ohne Arbeitsbewilligung sind «ideale» Opfer für Belästiger. Wie wir bereits gezeigt haben (siehe *1.3 Die Opfer)*, suchen sich Belästiger ihre Opfer unter den Schwächsten. Um diese Menschen nicht noch zusätzlich zu bestrafen (Belästigung, Verlust des Arbeitsplatzes und Ausweisung), sollte man nach befriedigenden Lösungen suchen, indem zum Beispiel als Wiedergutmachung für erlittenes Unrecht ein Antrag auf Erteilung einer Arbeitsbewilligung gestellt wird. Es darf nicht sein, dass diese Personen auf Grund ihres Status bei sexueller Belästigung schlechter behandelt werden als andere.

9.2.3.2 Wenn der Belästiger Gewerkschaftsmitglied ist

Es kommt vor, dass sich die Gewerkschaft mit einer schwierigen Situation konfrontiert sieht: Die beschuldigte Person ist Gewerkschaftsmitglied und verlangt von der Gewerkschaft Unterstützung, weil sie fürchtet, bestraft zu werden, oder weil bereits ein Entscheid gefällt wurde. Gewerkschaften sollten keine Belästiger vertreten, auch wenn sie Mitglieder sind – ausser es handle sich um eine falsche Anschuldigung, was aber sehr selten vorkommt (siehe *3.3.9.7 Falsche Anschuldigungen)*. Wenn die sexuelle Belästigung erwiesen ist, sollten sich die Gewerkschaften in erster Linie für die Opfer einsetzen und so deutlich machen, dass sie auf deren Seite stehen. In ihrem Programm sollten sie zudem klar festhalten, dass sexuelle Belästigung untragbar ist und dass Personen, die sich sexueller Belästigung schuldig machen, keine Unterstützung von der Gewerkschaft erwarten können.

9.3 Prävention als Aufgabe der Gewerkschaften

Die Gewerkschaften sollten bei ihren Mitgliedern und bei allen Arbeitnehmerinnen und Arbeitnehmern Präventionskampagnen durchführen. Sie sollten alle Ansätze der Verharmlosung von sexueller Belästigung und von frauenverachtendem Verhalten innerhalb und ausserhalb der Gewerkschaft bekämpfen. Sie sollten klarstellen, dass sie sexuelle Belästigung durch ihre Mitglieder nicht tolerieren und dass Belästiger damit rechnen müssen, aus der Gewerkschaft ausgeschlossen zu werden. Diese Strafe mag streng erscheinen, doch ist zu bedenken, dass sexuelle Belästigung ein Angriff auf die persönliche Integrität des Opfers darstellt und gravierende Folgen haben kann.

9.3.1 Sensibilisierungskampagnen

Die Gewerkschaften können am Arbeitsplatz breit angelegte Sensibilisierungskampagnen durchführen. Damit soll allen Arbeitnehmerinnen und Arbeitnehmern aufgezeigt werden, dass sexuelle Belästigung die Arbeitssituation der Betroffenen stark beeinträchtigt und dass sie nichts zu tun hat mit einem Flirt, bei dem beide Beteiligten einverstanden sind. Zudem führt sexuelle Belästigung zu einer Spaltung der Arbeitnehmenden. Eine Folge der Belästigung kann die Bildung von Cliquen sein, die in der Regel der Person, die sich beschweren will, ablehnend gegenüberstehen. Die Angestellten eines Betriebs – und insbesondere die gewerkschaftlich organisierten unter ihnen – sollten sich mit dem Opfer solidarisieren, es unterstützen und gleichzeitig den Täter ausgrenzen. Nur so können sie ihn dazu bringen, mit seinem Fehlverhalten aufzuhören. Solange Belästiger sozial akzeptiert sind und unbehelligt bleiben, ist es illusorisch, sexuelle Belästigung bremsen zu wollen. Warum sollten sie unter diesen Umständen ihr Verhalten ändern?

9.3.2 Schulung der GewerkschaftsmitarbeiterInnen

Es dürfte klar sein, dass Personen, die Fälle von sexueller Belästigung behandeln müssen, eine gezielte Schulung brauchen. Es geht darum, sich in einem intensiven Erfahrungs- und Gedankenaustausch unter Gewerkschaftsmitgliedern praktische Handlungsweisen anzueignen. Die Gewerkschafterinnen und Gewerkschafter stehen an vorderster Front und sollten in der Lage sein, Fälle von sexueller Belästigung zu erkennen und aufzudecken. Daher ist es wichtig, dass sie auch darin geschult werden, Opfern sexueller Belästigung angemessen zu begegnen. Diese haben oft Mühe, über das Thema zu sprechen, und verstummen leicht, wenn die Gesprächspartnerin nicht sehr aufmerksam ist und die Signale nicht erkennt. Wenn der Sachverhalt feststeht, sollte mit der betroffenen Person ein Gespräch geführt werden, um herauszufinden, wie der Konflikt gelöst werden kann. Dieses Gespräch darf jedoch nicht in ein Verhör ausarten. Gewerkschaftsmitarbeiterinnen und -mitarbeiter sollten auch in der Abfassung von Beschwerden ausgebildet werden. Wenn die Unternehmensleitung nämlich die Anschuldigungen nicht ernst nimmt, dann muss eine interne Beschwerde verfasst werden.

Hier darf man nicht einfach improvisieren. Die Ausbildung der Gewerkschaftsmitarbeitenden sollte folgende Themen umfassen:

- Definition der sexuellen Belästigung;
- gesetzliche Bestimmungen;
- Anzeichen sexueller Belästigung erkennen;
- ein Gespräch mit dem Opfer führen;
- eine Beschwerde verfassen;
- weitere Etappen des Verfahrens.

9.3.3 Schulung der Mitglieder

Wie für die Angestellten der Gewerkschaft ist es auch für Mitglieder wichtig, dass sie sexuelle Belästigung ernst nehmen und fähig sind, über das Problem zu reden, ohne längst überholte Gemeinplätze aufzuwärmen (siehe *1.5 Die Vorurteile*). Ausserdem müssen sie in der Lage sein, eine betroffene Person anzusprechen und sie zu unterstützen.

Die Gewerkschaft sollte spezielle Kurse für ihre weiblichen Mitglieder und für Arbeitnehmerinnen allgemein anbieten, in denen sie lernen, sich gegen Belästigungen zur Wehr zu setzen. Studien belegen, dass die Opfer hauptsächlich Frauen sind. Sie sind angesichts der Belästigung manchmal hilflos und können nicht reagieren und die Übergriffe stoppen, weil sie fürchten, den Täter vor den Kopf zu stossen. In manchen Fällen würde jedoch eine entschiedene und klare Antwort ausreichen, um den Belästiger einzuschüchtern.

Die Gewerkschaften sollten auch einen Kurs für Männer anbieten. Die Kollegen sind für die Opfer nämlich oft keine grosse Hilfe. Manchmal fühlen sie sich durch die Vorfälle selbst angegriffen oder verletzt. Entweder wollen sie es dem Täter gleich zeigen oder sie werfen ihrer Kollegin vor, diesen provoziert zu haben. In einem Kurs könnten sie lernen, dass nicht sie die Angegriffenen sind, sondern in erster Linie ihre Kollegin, und dass es das Beste ist, diese zu unterstützen und zu ermutigen, bei der Gewerkschaft oder beim Betrieb vorstellig zu werden, anstatt an ihrer Stelle etwas zu unternehmen. Ausserdem kann das Nachdenken über weit verbreitete sexistische und patriarchale Denkweisen die Männer dazu bringen, sich der Verhaltensweisen bewusst zu werden, mit denen sie selbst sexuelle Belästigung begünstigen, und sie können ermutigt werden, diese Verhältnisse zu verändern.

Anhang 1

Auflösung zu den Testfragen

Fünfzehn Fragen, um Ihre Kenntnisse zu testen

1. Die schweizerische Gesetzgebung verbietet sexuelle Belästigung.
   siehe 2.1 Einleitung **RICHTIG**

---

2. Nur eine wiederholte Handlung wird als sexuelle Belästigung bezeichnet.
   Siehe 1.1. Was ist sexuelle Belästigung? **FALSCH**

---

3. Sexuelle Belästigung geht oft in Mobbing über.
   Siehe 1.2 Ist sexuelle Belästigung das Gleiche wie psychische Belästigung (Mobbing)? **RICHTIG**

---

4. Männer können ebenso Opfer sexueller Belästigung werden wie Frauen.
   Siehe 1.3 Die Opfer **FALSCH**

---

5. Eine Person, die ihre Ablehnung nicht klar ausdrückt, wird nicht wirklich sexuell belästigt.
   Siehe 1.1.1 Juristische Definition **FALSCH**

---

6. Junge und hübsche Frauen werden häufiger sexuell belästigt als andere Frauen.
   Siehe 1.3 Die Opfer und 1.5.2 Jugend und Schönheit **FALSCH**

---

7. Frauen gehen auf sexuelle Annäherungsversuche ein, um beruflich weiterzukommen.
   Siehe 1.5.3 Karriere durchs Bett **FALSCH**

---

8. Frauen provozieren sexuelle Belästigung durch ihr Verhalten.
   Siehe 1.5.1 Provokation **FALSCH**

---

9. Wer andere sexuell belästigt, hat sexuelle Probleme.
   Siehe 1.4 Die Täter und 1.5.6 Pathologie **FALSCH**

---

10. Ein Mann, der eine Frau belästigt, belästigt alle Frauen.
    Siehe 1.4 Die Täter **FALSCH**

11. Ein Arbeitgeber setzt sich dem Risiko aus, einem Opfer sexueller Belästigung eine Entschädigung zahlen zu müssen, wenn er nicht wirkungsvolle Massnahmen zur Verhinderung sexueller Belästigung ergriffen hat.
    Siehe 2.2.2 Artikel 5: Die Ansprüche im Fall von sexueller Belästigung **RICHTIG**

12. Ein Arbeitgeber ist haftbar für sexuelle Belästigung durch seine Mitarbeiter.
    Siehe 2.3.2 Artikel 328: Schutz der Persönlichkeit und 3.1 Die Verantwortung der Unternehmen **RICHTIG**

13. Ein Arbeitgeber ist haftbar für die sexuelle Belästigung einer seiner Mitarbeiterinnen durch einen Kunden oder Lieferanten.
    Siehe 2.4 Das Arbeitsgesetz und 3.3.3 Geltungsbereich des Reglements **RICHTIG**

14. Ein Temporärvermittlungsbüro ist auf keinen Fall haftbar für sexuelle Belästigung in einem Unternehmen, in dem durch dieses Büro vermittelte Temporärmitarbeiter beschäftigt werden.
    Siehe 3.8 Verantwortung von Temporärfirmen **FALSCH**

15. Die Bestimmung einer Vertrauensperson, die Opfer von sexueller Belästigung anhört und berät, entbindet den Arbeitgeber im Falle einer gerichtlichen Klage von der Verpflichtung, dem Opfer eine Entschädigung zu bezahlen.
    Siehe 3.3 Das Reglement, 5.1 Eigenschaften und Fähigkeiten der Vertrauenspersonen und 6.1 Kompetenzen der Personen, die Beschwerden untersuchen **FALSCH**

Anhang 2

Musterreglement für Betriebe und Unternehmen
Sexuelle Belästigung am Arbeitsplatz [1]

Präambel

Das Unternehmen geht davon aus, dass sexuelle Belästigung eine Realität ist und bei den betroffenen Personen zu Beeinträchtigungen im beruflichen, im persönlichen und im Familienleben führen kann. Ihre Auswirkungen auf die Qualität der geleisteten Arbeit, auf Produktivität, Motivation, Zahl der Absenzen und die Personalfluktuation schaden auch dem Unternehmen beträchtlich.

Im Bemühen um ein gutes Arbeitsklima, einen optimalen Einsatz der personellen Ressourcen und eine Steigerung des Wohlbefindens der Mitarbeitenden verfolgt die Unternehmensleitung – zusammen mit den Mitarbeiterinnen und Mitarbeitern – eine aktive Präventionspolitik gegen sexuelle Belästigung am Arbeitsplatz.

Allgemeiner Grundsatz

Das Unternehmen nimmt den Schutz der Persönlichkeit und der Würde aller Mitarbeitenden ernst und verurteilt jede Form von sexueller Belästigung.

Alle Mitarbeiterinnen und Mitarbeiter haben Anspruch auf korrekte und rücksichtsvolle Behandlung durch Vorgesetzte, KollegInnen und KundInnen sowie auf die Wahrung ihrer physischen und psychischen Integrität.

Sexuelle Belästigung wird nicht geduldet, weder am Arbeitsplatz noch an anderen Orten, wo es Auswirkungen auf die Arbeitstätigkeit der Betroffenen haben kann.

Sämtliche Belästigungen können disziplinarisch bestraft werden, was bis zur fristlosen Entlassung führen kann.

---

[1] Dieses Reglement wurde von der Westschweizer und der Tessiner Konferenz der kantonalen Arbeitsämter und von der Westschweizer und der Tessiner Konferenz der Gleichstellungsbeauftragten in Zusammenarbeit mit Véronique Ducret ausgearbeitet.

Definition

Als sexuelle Belästigung am Arbeitsplatz gilt jede Handlung mit sexuellem Bezug, die von einer Seite unerwünscht ist und die eine Person aufgrund ihres Geschlechts herabwürdigt.

Es sind unterwünschte Annäherungsversuche sowie Abwertungsversuche jeder Art in Form von Gesten, Äusserungen, Darstellungen und Handlungen, die von der Person oder der Personengruppe, an die sie sich richten, als beleidigend, unangemessen und unerwünscht empfunden werden.

Sexuelle Belästigung ist gesetzwidrig. Das Verbot sexueller Belästigung wird namentlich im Gleichstellungsgesetz (GlG), im Arbeitsgesetz (ArG), im Obligationenrecht (OR) und im Strafrecht (StGB) geregelt.

Zielsetzung

Das vorliegende Reglement hat zum Ziel:

- sexueller Belästigung vorzubeugen und sie zu unterbinden;
- den Opfern sexueller Belästigung die Mittel in die Hand zu geben, um sich zu informieren, sich zu wehren und eine Beschwerde einzureichen.

Geltungsbereich

Das vorliegende Reglement gilt für alle fest oder temporär angestellten Mitarbeiterinnen und Mitarbeiter. Es gilt für Belästigungen sowohl durch betriebsinterne als auch durch betriebsexterne Personen.[2] Geschützt sind auch betriebsexterne Personen, die während der Arbeitszeit durch einen Mitarbeiter oder eine Mitarbeiterin des Unternehmens belästigt werden.

Verhaltensregeln

Die Unternehmensleitung verpflichtet sich,

- sexuelle Belästigung in Zusammenarbeit mit den ArbeitnehmerInnen bzw. ihren VertreterInnen mit angemessenen Mitteln, wie Prävention, Information, Schulung und Sensibilisierungskampagnen, zu verhindern;
- für alle von sexueller Belästigung betroffenen Mitarbeiterinnen und Mitarbeiter ein internes Unterstützungsangebot und ein Beschwerdeverfahren einzurichten;
- Personen, die in gutem Glauben Beschwerde eingereicht haben, nicht zu entlassen und nicht gegen ihren Willen zu versetzen;
- alle Formen von Vergeltungsmassnahmen gegen Beschwerde führende Personen oder ZeugInnen zu verhindern;
- alle nötigen Massnahmen zu ergreifen, um wieder ein belästigungsfreies Arbeitsklima herzustellen;

---

[2] Externe Personen sind etwa KundInnen, PatientInnen, LieferantInnen, BeraterInnen, ZulieferantInnen, Delegierte, Studierende usw.

- den Opfern Wiedergutmachung für den erlittenen Schaden zu leisten;
- die Täter entsprechend der Schwere ihrer Vergehen und deren Folgen für die Opfer zu bestrafen (Verwarnung, Suspendierung, Versetzung, Entlassung).

Die Kadermitglieder verpflichten sich,
- den ihnen unterstellten Mitarbeiterinnen und Mitarbeitern mit Respekt zu begegnen;
- dafür zu sorgen, dass ihre Mitarbeiterinnen und Mitarbeiter nicht gegen das vorliegende Reglement verstossen;
- sofort einzugreifen und eine sexuelle Belästigung zu stoppen, sobald sie davon direkt oder indirekt Kenntnis erhalten;
- die Opfer, die um Beistand bitten, zu unterstützen.

Alle Mitarbeiterinnen und Mitarbeiter verpflichten sich
- zu einem Verhalten, das den Grundsätzen dieser Politik entspricht und frei ist von unerwünschten sexuell gefärbten Handlungen, die Unbehagen, Angst und Unsicherheit auslösen.

Verfahren

Informelles Verfahren

Das Unternehmen setzt eine Beratungsinstanz ein, die sich aus einer oder mehreren betriebsinternen oder (vorzugsweise) -externen Personen zusammensetzt und folgende Aufgaben hat:
- allen Rat suchenden Personen oder Personen, die für Dritte Rat suchen, Hilfe und Unterstützung anzubieten;
- sie über die Politik des Unternehmens und die gesetzlichen Bestimmungen zu informieren;
- die Rat suchende Person zu beraten und sie darüber zu informieren, wie sie die sexuelle Belästigung stoppen kann;
- mit dem Einverständnis der Rat suchenden Person bei der beschuldigten Person zu intervenieren;
- den Vorgesetzten Massnahmen zur Unterbindung der sexuellen Belästigung vorzuschlagen;
- die Vorgesetzten im Einverständnis mit der Rat suchenden Person zu informieren;
- sicherzustellen, dass der Konflikt wirklich gelöst ist.

Das Unternehmen sorgt dafür, dass der Fall auf Wunsch der Rat suchenden Person von einer Person ihres Geschlechts behandelt werden kann.

Jede von sexueller Belästigung betroffene Person kann sich an die vom Unternehmen vorgesehene Instanz oder an jede andere Stelle ihrer Wahl wenden. Sie kann sich in jeder Phase des Verfahrens von einer Person ihrer Wahl begleiten lassen.

Name, Adresse und Telefonnummer der Ansprechperson(en):

....

....

Mitarbeiterinnen und Mitarbeiter, die von sexueller Belästigung betroffen sind, können sich direkt an das Arbeitsinspektorat, an die Schlichtungsstelle nach Gleichstellungsgesetz oder an das Gericht wenden, auch wenn sie kein internes Verfahren angestrengt haben.

Auch die Unternehmensleitung kann das Arbeitsinspektorat mit der Durchführung einer Untersuchung betrauen, wenn sie dies für notwendig erachtet.

Untersuchungsverfahren

Die kantonalen Arbeitsinspektorate haben dafür zu sorgen, dass die Bestimmungen des Arbeitsgesetzes (ArG), einschliesslich des Grundsatzes, dass die Persönlichkeit der Arbeitnehmerinnen und Arbeitnehmer respektiert werden muss, angewendet werden. Daher ist das Arbeitsinspektorat im Fall einer Beschwerde befugt, Abklärungen vorzunehmen, um festzustellen, ob eine sexuelle Belästigung vorliegt oder nicht. Wenn ja, kann es den Arbeitgeber auffordern, die nötigen Massnahmen zu ergreifen.

Die Unternehmensleitung verpflichtet sich,

- den MitarbeiterInnen des Arbeitsinspektorates jede Unterstützung zu gewähren und ihnen auf Wunsch eine Liste der gegenwärtigen und allenfalls auch der ehemaligen MitarbeiterInnen des Unternehmens sowie das Organigramm abzugeben;
- den ArbeitnehmerInnen zu erlauben, ihre Aussagen innerhalb oder ausserhalb der Räumlichkeiten des Unternehmens während der Arbeitszeit, aber ohne Lohnkürzung, zu machen;
- keinen Druck auf Beschwerde führende Personen oder ZeugInnen auszuüben;
- die Empfehlungen des Arbeitsinspektorates möglichst rasch umzusetzen;
- die Betroffenen über die ergriffenen Massnahmen zu informieren;
- für die Wiederherstellung eines angenehmen Arbeitsklimas zu sorgen, auch wenn die Untersuchung den Tatbestand der sexuellen Belästigung nicht erhärten konnte; in diesem Fall kann zum Beispiel dem Wunsch nach Versetzung der Beschwerde führenden Person stattgegeben werden, sofern sie gutgläubig gehandelt hat.

Anhang 3

Bundesgesetz über die Gleichstellung von Frau und Mann
(Gleichstellungsgesetz, GlG)
vom 24. März 1995 (Stand am 1. Juli 1996)

Die Bundesversammlung der Schweizerischen Eidgenossenschaft, gestützt auf die Artikel 4 Absatz 2, 34ter Absatz 1 Buchstabe a, 64 und 85 Ziffer 3 der Bundesverfassung[1], nach Einsicht in die Botschaft des Bundesrates vom 24. Februar 1993[2], *beschliesst:*

1. Abschnitt: Zweck

Art. 1
Dieses Gesetz bezweckt die Förderung der tatsächlichen Gleichstellung von Frau und Mann.

2. Abschnitt: Gleichstellung im Erwerbsleben

Art. 2 Grundsatz
Dieser Abschnitt gilt für Arbeitsverhältnisse nach Obligationenrecht[3] sowie für alle öffentlichrechtlichen Arbeitsverhältnisse in Bund, Kantonen und Gemeinden.

Art. 3 Diskriminierungsverbot
1 Arbeitnehmerinnen und Arbeitnehmer dürfen aufgrund ihres Geschlechts weder direkt noch indirekt benachteiligt werden, namentlich nicht unter Berufung auf den Zivilstand, auf die familiäre Situation oder, bei Arbeitnehmerinnen, auf eine Schwangerschaft.
2 Das Verbot gilt insbesondere für die Anstellung, Aufgabenzuteilung, Gestaltung der Arbeitsbedingungen, Entlöhnung, Aus- und Weiterbildung, Beförderung und Entlassung.
3 Angemessene Massnahmen zur Verwirklichung der tatsächlichen Gleichstellung stellen keine Diskriminierung dar.

AS **1996** 1498

1 SR 220
2 BBl 1993 / 1248
3 SR 220

Art. 4 Diskriminierung durch sexuelle Belästigung
Diskriminierend ist jedes belästigende Verhalten sexueller Natur oder ein anderes Verhalten aufgrund der Geschlechtszugehörigkeit, das die Würde von Frauen und Männern am Arbeitsplatz beeinträchtigt. Darunter fallen insbesondere Drohungen, das Versprechen von Vorteilen, das Auferlegen von Zwang und das Ausüben von Druck zum Erlangen eines Entgegenkommens sexueller Art.

Art. 5 Rechtsansprüche
1 Wer von einer Diskriminierung im Sinne der Artikel 3 und 4 betroffen ist, kann dem Gericht oder der Verwaltungsbehörde beantragen:
a. eine drohende Diskriminierung zu verbieten oder zu unterlassen;
b. eine bestehende Diskriminierung zu beseitigen;
c. eine Diskriminierung festzustellen, wenn diese sich weiterhin störend auswirkt;
d. die Zahlung des geschuldeten Lohns anzuordnen.

2 Besteht die Diskriminierung in der Ablehnung einer Anstellung oder in der Kündigung eines obligationenrechtlichen Arbeitsverhältnisses, so hat die betroffene Person lediglich Anspruch auf eine Entschädigung. Diese ist unter Würdigung aller Umstände festzusetzen und wird auf der Grundlage des voraussichtlichen oder tatsächlichen Lohnes errechnet.

3 Bei einer Diskriminierung durch sexuelle Belästigung kann das Gericht oder die Verwaltungsbehörde der betroffenen Person zudem auch eine Entschädigung zusprechen, wenn die Arbeitgeberinnen oder die Arbeitgeber nicht beweisen, dass sie Massnahmen getroffen haben, die zur Verhinderung sexueller Belästigungen nach der Erfahrung notwendig und angemessen sind und die ihnen billigerweise zugemutet werden können. Die Entschädigung ist unter Würdigung aller Umstände festzusetzen und wird auf der Grundlage des schweizerischen Durchschnittslohns errechnet.

4 Die Entschädigung bei Diskriminierung in der Ablehnung einer Anstellung nach Absatz 2 darf den Betrag nicht übersteigen, der drei Monatslöhnen entspricht. Die Gesamtsumme der Entschädigungen darf diesen Betrag auch dann nicht übersteigen, wenn mehrere Personen einen Anspruch auf eine Entschädigung wegen diskriminierender Ablehnung derselben Anstellung geltend machen. Die Entschädigung bei Diskriminierung in der Kündigung eines obligationenrechtlichen Arbeitsverhältnisses nach Absatz 2 und bei Diskriminierung durch sexuelle Belästigung nach Absatz 3 darf den Betrag nicht übersteigen, der sechs Monatslöhnen entspricht.

5 Vorbehalten bleiben Ansprüche auf Schadenersatz und Genugtuung sowie weitergehende vertragliche Ansprüche.

Art. 6 Beweislasterleichterung
Bezüglich der Aufgabenzuteilung, Gestaltung der Arbeitsbedingungen, Entlöhnung, Aus- und Weiterbildung, Beförderung und Entlassung wird eine Diskriminierung vermutet, wenn diese von der betroffenen Person glaubhaft gemacht wird.

Art. 7 Klagen und Beschwerden von Organisationen
1 Organisationen, die nach ihren Statuten die Gleichstellung von Frau und Mann fördern oder die Interessen der Arbeitnehmerinnen und Arbeitnehmer wahren und seit mindestens zwei Jahren bestehen, können im eigenen Namen feststellen lassen, dass eine Diskriminierung vorliegt, wenn der Ausgang des Verfahrens sich voraussichtlich auf eine grössere Zahl von Arbeitsverhältnissen auswirken wird. Sie müssen der betroffenen Arbeitgeberin oder dem betroffenen Arbeitgeber Gelegenheit zur Stellungnahme geben, bevor sie eine Schlichtungsstelle anrufen oder eine Klage einreichen.
2 Im übrigen gelten die Bestimmungen für die Klagen und Beschwerden von Einzelpersonen sinngemäss.

3. Abschnitt: Besondere Bestimmungen für Arbeitsverhältnisse nach Obligationenrecht[4]

Art. 8 Verfahren bei diskriminierender Ablehnung der Anstellung
1 Personen, deren Bewerbung für eine Anstellung nicht berücksichtigt worden ist und die eine Diskriminierung geltend machen, können von der Arbeitgeberin oder vom Arbeitgeber eine schriftliche Begründung verlangen.
2 Der Anspruch auf eine Entschädigung nach Artikel 5 Absatz 2 ist verwirkt, wenn nicht innert drei Monaten, nachdem die Arbeitgeberin oder der Arbeitgeber die Ablehnung der Anstellung mitgeteilt hat, die Klage angehoben wird.

Art. 9 Verfahren bei diskriminierender Kündigung
Wird eine Arbeitnehmerin oder ein Arbeitnehmer durch die Kündigung diskriminiert, ist Artikel 336b des Obligationenrechts[5] anwendbar.

Art. 10 Kündigungsschutz
1 Die Kündigung des Arbeitsverhältnisses durch die Arbeitgeberin oder den Arbeitgeber ist anfechtbar, wenn sie ohne begründeten

4 SR 220
5 SR 220

Anlass auf eine innerbetriebliche Beschwerde über eine Diskriminierung oder auf die Anrufung der Schlichtungsstelle oder des Gerichts durch die Arbeitnehmerin oder den Arbeitnehmer folgt.

2 Der Kündigungsschutz gilt für die Dauer eines innerbetrieblichen Beschwerdeverfahrens, eines Schlichtungs- oder eines Gerichtsverfahrens sowie sechs Monate darüber hinaus.

3 Die Kündigung muss vor Ende der Kündigungsfrist beim Gericht angefochten werden. Das Gericht kann die provisorische Wiedereinstellung der Arbeitnehmerin oder des Arbeitnehmers für die Dauer des Verfahrens anordnen, wenn es wahrscheinlich erscheint, dass die Voraussetzungen für die Aufhebung der Kündigung erfüllt sind.

4 Die Arbeitnehmerin oder der Arbeitnehmer kann während des Verfahrens auf die Weiterführung des Arbeitsverhältnisses verzichten und stattdessen eine Entschädigung nach Artikel 336a des Obligationenrechts[6] geltend machen.

5 Dieser Artikel gilt sinngemäss für Kündigungen, die wegen der Klage einer Organisation nach Artikel 7 erfolgen.

Art. 11 Schlichtungsverfahren

1 Die Kantone bezeichnen Schlichtungsstellen. Diese beraten die Parteien und versuchen, eine Einigung herbeizuführen.

2 Das Schlichtungsverfahren ist für die Parteien freiwillig. Die Kantone können jedoch vorsehen, dass die gerichtliche Klage erst nach der Durchführung des Schlichtungsverfahrens angehoben werden kann.

3 Die Schlichtungsstelle muss innerhalb der Klagefrist angerufen werden, wenn das Gesetz eine solche vorsieht. In diesem Fall ist die gerichtliche Klage innerhalb von drei Monaten nach Abschluss des Schlichtungsverfahrens einzureichen.

4 Das Schlichtungsverfahren ist kostenlos.

5 Durch Gesamtarbeitsvertrag kann die Schlichtung von Streitigkeiten zwischen Arbeitnehmerverbänden und einzelnen Arbeitgeberinnen oder Arbeitgebern unter Ausschluss der staatlichen Schlichtungsstellen auf im Vertrag vorgesehene Organe übertragen werden.

Art. 12 Zivilrechtspflege

1 In Streitigkeiten über Diskriminierungen im Erwerbsleben dürfen die Kantone das schriftliche Verfahren und die Prozessvertretung nicht ausschliessen.

2 Artikel 343 des Obligationenrechts[7] ist unabhängig vom Streitwert anwendbar.

---

[6] SR 220

[7] SR 220

4. Abschnitt: Rechtsschutz bei öffentlichrechtlichen Arbeitsverhältnissen

Art. 13

1 Der Rechtsschutz bei öffentlichrechtlichen Arbeitsverhältnissen richtet sich nach den allgemeinen Bestimmungen über die Bundesrechtspflege. Für Beschwerden von Bundespersonal gilt ausserdem Artikel 58 des Beamtengesetzes vom30. Juni 1927[8].

2 Wird eine Person durch die Abweisung ihrer Bewerbung für die erstmalige Begründung eines Arbeitsverhältnisses diskriminiert, so ist Artikel 5 Absatz 2 anwendbar. Die Entschädigung kann direkt mit Beschwerde gegen die abweisende Verfügung verlangt werden.

3 Auf Antrag der Beschwerdeführerin oder des Beschwerdeführers begutachtet eine Fachkommission Beschwerden gegen erstinstanzliche Verfügungen über das Dienstverhältnis von Bundespersonal.

4 Artikel 103 Buchstabe b des Bundesrechtspflegegesetzes vom 16. Dez. 1943[9] ist auf Verfügungen letzter kantonaler Instanzen nicht anwendbar.

5 Das Verfahren ist kostenlos; ausgenommen sind Fälle von mutwilliger Prozessführung.

5. Abschnitt: Finanzhilfen

Art. 14 Förderungsprogramme

1 Der Bund kann öffentlichen oder privaten Institutionen, die Programme zur Förderung der Gleichstellung von Frau und Mann im Erwerbsleben durchführen, Finanzhilfen gewähren. Er kann selbst Programme durchführen.

2 Die Programme können dazu dienen:

a. die inner- oder ausserbetriebliche Aus- und Weiterbildung zu fördern;
b. die Vertretung der Geschlechter in den verschiedenen Berufen, Funktionen und Führungsebenen zu verbessern;
c. die Vereinbarkeit von beruflichen und familiären Aufgaben zu verbessern;
d. Arbeitsorganisationen und Infrastrukturen am Arbeitsplatz zu fördern, welche die Gleichstellung begünstigen.

3 In erster Linie werden Programme mit neuartigem und beispielhaftem Inhalt unterstützt.

---

8 SR 172.221.10

9 SR 173.110

Art. 15 Beratungsstellen

Der Bund kann privaten Institutionen Finanzhilfen gewähren für:

a. die Beratung und die Information von Frauen im Erwerbsleben;

b. die Förderung der Wiedereingliederung von Frauen und Männern, die ihre berufliche Tätigkeit zugunsten familiärer Aufgaben unterbrochen haben.

6. Abschnitt: Eidgenössisches Büro für die Gleichstellung von Frau und Mann

Art. 16

1 Das Eidgenössische Büro für die Gleichstellung von Frau und Mann fördert die Gleichstellung der Geschlechter in allen Lebensbereichen und setzt sich für die Beseitigung jeglicher Form direkter oder indirekter Diskriminierung ein.

2 Zu diesem Zweck nimmt es namentlich folgende Aufgaben wahr:

a. es informiert die Öffentlichkeit;

b. es berät Behörden und Private;

c. es führt Untersuchungen durch und empfiehlt Behörden und Privaten geeignete Massnahmen;

d. es kann sich an Projekten von gesamtschweizerischer Bedeutung beteiligen;

e. es wirkt an der Ausarbeitung von Erlassen des Bundes mit, soweit diese für die Gleichstellung von Bedeutung sind;

f. es prüft die Gesuche um Finanzhilfen nach den Artikeln 14 und 15 und überwacht die Durchführung der Förderungsprogramme.

7. Abschnitt: Schlussbestimmungen

Art. 17 Übergangsbestimmung

Ansprüche nach Artikel 5 Absatz 1 Buchstabe d werden nach neuem Recht beurteilt, wenn die zivilrechtliche Klage nach dem Inkrafttreten des Gesetzes erhoben worden ist oder die erstinstanzlich zuständige Behörde bis zu diesem Zeitpunkt noch keine Verfügung getroffen hat.

Art. 18 Referendum und Inkrafttreten

1 Dieses Gesetz untersteht dem fakultativen Referendum.

2 Der Bundesrat bestimmt das Inkrafttreten.

Datum des Inkrafttretens: 1. Juli 1996[10]

---

[10] BRB vom 25. Okt. 1995 (AS 1996 1503)

Bibliographie

Sexuelle Belästigung am Arbeitsplatz

Beermann, Beate, Meschkutat, Bärbel, *Psychosoziale Faktoren am Arbeitsplatz unter Berücksichtigung von Stress und Belästigung,* Bundesanstalt für Sicherheit und Gesundheit am Arbeitsplatz, Dortmund, 1995

Bigler-Eggenberger, Margrith, Kaufmann, Claudia (Hrsg.), *Kommentar zum Gleichstellungsgesetz,* Helbing und Lichtenhahn, Basel, 1997

Chappell, Duncan, Di Marino, Vittorio, *Violence at work,* ILO, Genf, 1998

Cromer, Sylvie, *Le harcèlement sexuel en France. La levée d'un tabou 1985–1990,* La documentation française, Paris, 1995

Ducret, Véronique, Fehlmann, Chloé, *Sexuelle Belästigung am Arbeitsplatz: Worüber Frauen schweigen,* Eidgenössisches Büro für die Gleichstellung von Frau und Mann (Hrsg.), Bern, 1993

Eidgenössisches Büro für die Gleichstellung von Frau und Mann, *Genug ist genug. Ein Ratgeber gegen sexuelle Belästigung am Arbeitsplatz,* Bern, 1997, Vertrieb: EDMZ

Fomaigeat, Denise, Wennubst, Gabriella, *Souffrance psychologique au travail. Guide dans les méandres du harcèlement psychologique,* Conférence romande et tessinoise des offices cantonaux de protection des travailleurs, Office cantonal de l'inspection et des relations du travail, Genf, 2000

Groupe de sociologie wallonne, *Etude portant sur la mise en place des directives découlant de l'arrêté royal du 18 septembre 1992 visant la protection des travailleurs contre le harcèlement sexuel sur les lieux de travail,* Katholische Universität Löwen, Dezember 1994

ILO, *Conditions of work digest: Combating sexual harassment at work,* volume II, Genf, 1992

Rauchfleisch, Udo, *Sexuelle Belästigung am Arbeitsplatz,* mündlicher Beitrag am Studientag «Sexuelle Belästigung am Arbeitsplatz», durchgeführt vom Eidgenössischen Büro für die Gleichstellung von Frau und Mann, 17. Dezember 1999

Schweizerischer Arbeitgeberverband, *Tips für Arbeitgeber Nr. 23: Das Gleichstellungsgesetz vom 24. März 1995*

Vögeli, Nicole, *Sexuelle Belästigung am Arbeitsplatz im privatrechtlichen Arbeitsverhältnis*, Rüegger, Chur, Zürich, 1996

Weltzer-Lang, Daniel, Le Feuvre, Nicky (Hrsg.), *Les nouvelles approches des hommes et du masculin,* Presses universitaires du Mirail, Collection féminin et masculin, Toulouse, 2000

Publikationen und Empfehlungen der EU zum Thema

Empfehlung der Kommission vom 27. November 1991 zum Schutz der Würde von Frauen und Männern am Arbeitsplatz (92/131/EWG)

Entschliessung des Rates vom 29. Mai 1990 zum Schutz der Würde von Frauen und Männern am Arbeitsplatz (90/C 157/02)

Erklärung des Rates vom 19. Dezember 1991 zur Durchführung der Empfehlung der Kommission zum Schutz der Würde von Frauen und Männern am Arbeitsplatz, einschliesslich des Verhaltenskodex gegen sexuelle Belästigung (92/C 27/01)

Europäische Kommission, *Was tun gegen sexuelle Belästigung am Arbeitsplatz? Leitfaden zur Umsetzung der praktischen Verhaltensregeln der Europäischen Gemeinschaft,* Amt für amtliche Veröffentlichungen der europäischen Gemeinschaften, Brüssel, Luxemburg, 1993

Kommission der Europäischen Gemeinschaften, *Die Würde der Frauen am Arbeitsplatz. Bericht über das Problem sexueller Belästigung in den Mitgliedstaaten der Europäischen Gemeinschaft, Teile I–II,* Amt für amtliche Veröffentlichungen der EG, Brüssel, Luxemburg, 1988

Mobbing

Hirigoyen, Marie-France, *Die Masken der Niedertracht: Seelische Gewalt im Alltag und wie man sich dagegen wehren kann,* München, Beck, 1999

Hirigoyen, Marie-France, *Wenn der Job zur Hölle wird: Seelische Gewalt am Arbeitsplatz und wie man sich dagegen wehrt*, München, Beck, 2002

Leymann, Heinz, *Mobbing. Psychoterror am Arbeitsplatz und wie man sich dagegen wehren kann,* Reinbek bei Hamburg, Rowohlt, 1994

Leymann, Heinz (Hrsg.), *Der neue Mobbing-Bericht. Erfahrungen und Initiativen, Auswege und Hilfsangebote*, rororo aktuell, 1995

seco-Publikation Arbeitsbedingungen Nr. 3, *Mobbing und andere psychosoziale Spannungen am Arbeitsplatz in der Schweiz. Bericht.* Seco Direktion für Arbeit, Leistungsbereich Arbeitsbedingungen, Ressort Grundlagen Arbeit und Gesundheit, Bern, 11/2002

Schüpbach Karin, Torre, Rosella, *Mobbing verstehen, überwinden, vermeiden. Ein Leitfaden für Führungskräfte und Personalverantwortliche*, Zürich, Kaufmännischer Verband, 1996

Chancengleichheit von Frauen und Männern

Bühlmann, Jacqueline, Jobin, Claire, *Auf dem Weg zur Gleichstellung? Frauen und Männer in der Schweiz. Zweiter statistischer Bericht,* Bundesamt für Statistik, Bern 1996

Bühlmann, Jacqueline, *Auf dem Weg zur Gleichstellung? Aktualisierung der zentralen Indikatoren 1997. Ein Beitrag zur Sozialberichterstattung für die Schweiz,* Bundesamt für Statistik, Bern 1997

Flückiger, Yves, Ramirez, José, *Auf dem Weg zur Lohngleichheit? Vergleich der Frauen- und Männerlöhne anhand der Lohnstrukturerhebung (LSE) von 1994 und 1996,* Eidgenössisches Büro für die Gleichstellung von Frau und Mann, Bern, 2000

Krell, Gertraude (Hrsg.): *Chancengleichheit durch Personalpolitik. Gleichstellung von Frauen und Männern in Unternehmen und Verwaltungen. Rechtliche Regelungen – Problemanalysen – Lösungen,* 3. Auflage, Wiesbaden, Gabler, 2001

Adressen

Arbeitsinspektorate

Zürich
Amt für Wirtschaft und Arbeit
Bereich Arbeitnehmer- und Verbraucherschutz
Nansenstrasse 16
8090 Zürich
Tel. 01 315 73 11

Bern
Kantonales Amt für Industrie, Gewerbe
und Arbeit
Abteilung Arbeitnehmerschutz
Laupenstrasse 22
3011 Bern
Tel. 031 633 58 10

Office cantonal de l'industrie, das arts
et métier et du travail (OCIAMT)
Division conditions de travail
Hauptstr. 6 (Château)
Case postale
2560 Nidau
Tel. 032 322 98 81

Luzern
Amt für Industrie, Gewerbe und Handel
Bundesplatz 14
6002 Luzern
Tel. 041 228 61 64

Uri
Kantonales Amt für Industrie, Gewerbe
und Arbeit
Klausenstrasse 4
6460 Altdorf
Tel. 041 875 24 04

Schwyz
Kantonales Arbeitsinspektorat
Bahnhofstrasse 15
6430 Schwyz
Tel. 041 819 16 30

Obwalden
Amt für Arbeit, Technische Inspektorate
St. Antonistrasse 4
Postfach
6061 Sarnen
Tel. 041 666 63 36

Nidwalden
Kantonales Industrie-, Gewerbe und Arbeitsamt
Dorfplatz 7a
Postfach
6371 Stans
Tel. 041 618 76 53

Glarus
Arbeitsinspektorat des Kantons Glarus
Hauptstrasse 8
8750 Glarus
Tel. 055 646 62 21

Zug
Kantonales Amt für Wirtschaft und Arbeit
(KWA)
Aabachstrasse 5
Postfach
6301 Zug
Tel. 041 728 55 20

Freiburg
Département de l'industrie, du commerce
et de l'artisanat
Inspection cantonale du travail
Rue Joseph-Piller 13
1700 Fribourg
Tel. 026 305 24 65

Solothurn
Kantonales Amt für Wirtschaft und Arbeit
Abteilung Arbeitsinspektorat
Untere Sternengasse 2
Postfach 16
4504 Solothurn
Tel. 032 627 94 27

Basel-Stadt
Kantonales Amt für Industrie, Gewerbe und Arbeit (KIGA)
Abteilung Arbeitsinspektorat
Utengasse 36
Postfach
4005 Basel

Basel-Land
Kantonales Amt für Industrie, Gewerbe und Arbeit Baselland
Bahnhofstrasse 32
4133 Pratteln 1
Tel. 061 826 77 77

Schaffhausen
Kantonales Arbeitsinspektorat Schaffhausen
Mühlentalstrasse 105
Postfach KIGA 687
8201 Schaffhausen
Tel. 052 632 74 82

Appenzell Ausserrhoden
Kantonales Arbeitsinspektorat Appenzell A.Rh.
Regierungsgebäude
9102 Herisau 2
Tel. 071 353 64 54

Appenzell Innerrhoden
Kantonales Arbeitsinspektorat Appenzell I.Rh.
Regierungsgebäude
9102 Herisau 2
Tel. 071 353 64 54

St. Gallen
Amt für Wirtschaft
Abteilung Arbeitsinspektorat
Davidstrasse 35
9001 St. Gallen
Tel. 071 229 35 39

Graubünden
Kantonales Arbeitsinspektorat Graubünden
Grabenstrasse 8
7001 Chur
Tel. 081 257 23 56

Aargau
Amt für Wirtschaft und Arbeit (AWA)
Industrie- und Gewerbeaufsicht
Rain 53
5001 Aarau
Tel. 062 835 17 31

Thurgau
Amt für Wirtschaft und Arbeit
Arbeitsinspektorat
Kirchgasse 4
8510 Frauenfeld
Tel. 052 724 28 85

Fürstentum Liechtenstein
Amt für Volkswirtschaft
Gerberweg 5
9490 Vaduz
Tel. 00423 236 69 09

Gleichstellungsbüros

Bund

Eidg. Büro für die Gleichstellung von Frau und Mann
Schwarztorstrasse 51
3003 Bern
Tel. 031 322 68 40

Kantone und Städte

Aargau
Kantonale Fachstelle für die Gleichstellung von Frauen und Männern
Entfeldstrasse 41
5001 Aarau
Tel. 062 835 12 11

Appenzell Ausserrhoden
Fachstelle für die Gleichstellung von Frauen und Männern des Kantons AR
Regierungsgebäude
9102 Herisau
Tel. 071 353 63 48

Bern
Kant. Fachstelle für die Gleichstellung von Frauen und Männern
Postfach / Postgasse 68
3000 Bern 8
Tel. 031 633 75 78

Fachstelle für die Gleichstellung von Frau und Mann der Stadt Bern
Junkerngasse 56
Postfach
3000 Bern 8
Tel. 031 321 62 91

Baselland
Fachstelle für Gleichstellung
des Kantons Basel-Landschaft
Kreuzboden 1a
Postfach
4410 Liestal
Tel. 061 926 82 84

Basel-Stadt
Gleichstellungsbüro Basel-Stadt
Grenzacherstrasse 1
4058 Basel
Tel. 061 267 66 83

Freiburg
Bureau de l'égalité hommes-femmes
et de la famille
Rue des Chanoines 17
Case postale
1701 Freiburg
Tel. 026 305 23 85

Graubünden
Stabsstelle für Gleichstellungsfragen
des Kantons Graubünden
Loestrasse 37
7000 Chur
Tel. 081 257 35 70

Luzern
Büro für die Gleichstellung von Frau und Mann
Löwengraben 14
Postfach 5023
6000 Luzern 5
Tel. 041 228 67 12

St. Gallen
Fachstelle für Gleichberechtigungsfragen
Generalsekretariat DIM
Regierungsgebäude
9001 St. Gallen
Tel. 071 229 33 37

Wallis
Büro für die Gleichstellung von Frau und Mann
2, rue Pré d'Amédée
Case postale 478
1951 Sion
Tel. 027 606 21 20

Zürich
Fachstelle für Gleichberechtigungsfragen FFG
des Kantons Zürich
Kasernenstrasse 49
8090 Zürich
Tel. 043 259 25 72

Büro für die Gleichstellung
von Frau und Mann der Stadt Zürich
Fraumünsterstrasse 21
Postfach
8022 Zürich
Tel. 01 216 37 37

Beauftragte für Gleichstellung
Steinbergstrasse 54
Postfach 126
8402 Winterthur
Tel. 052 267 53 54

Fürstentum Liechtenstein
Gleichstellungsbüro
Fürstentum Liechtenstein
Landesverwaltung
FL–9490 Vaduz
Tel. 00423 236 60 60

Autorin und Mitarbeiterinnen

Véronique Ducret ist Sozialpsychologin und zurzeit verantwortlich für Forschung und Bildung am Deuxième Observatoire. Sie berät auch Unternehmen zu Fragen des Mobbing und der sexuellen Belästigung. 1993 veröffentlichte sie eine erste Untersuchung zu sexueller Belästigung am Arbeitsplatz, die in Genfer Unternehmen durchgeführt worden war.

Anne-Marie Barone ist zurzeit Friedensrichterin und Richterin am Vormundschaftsgericht in Genf. Vorher arbeitete sie während fast 20 Jahren als Anwältin mit Schwergewicht im Familienrecht und Arbeitsrecht und in der Vertretung von Opfern körperlicher und sexueller Gewalt.

Magalie Gafner ist Juristin und Politologin und arbeitet zurzeit als Juristin beim Service d'aide juridique aux exilés in Lausanne. Sie hat ihre juristische Lizentiatsarbeit über die sexuelle Belästigung im Strafrecht geschrieben.

Judith Wissmann Lukesch arbeitet seit 14 Jahren als selbständige Rechtsanwältin in Zürich, insbesondere in den Bereichen Arbeits- und Gleichstellungsrecht. Dozentin in Verwaltung, Firmen und Verbänden. Juristische Betreuung der Website www.gleichstellungsgesetz.ch mit einer laufend aktualisierten Sammlung der Zürcher Gleichstellungsverfahren.

Bettina Kurz ist Inhaberin eines Büros für Organisationsberatung in Zürich. Sie berät und begleitet Personen, Teams und Organisationen bei Konflikten und in Veränderungsprozessen. Seit mehr als zehn Jahren arbeitet sie als Organisationsberaterin, Seminarleiterin und Projektleiterin zum Themenschwerpunkt Macht, Machtmissbrauch und Grenzverletzungen in Organisationen.